绿色建筑的
设计、施工与全流程管理
——智韵大厦绿建三星级建造实录

主　编　周晓光

副主编　喻江春　代佩武

参　编　李俊峰　李　伟　李逸凡

机械工业出版社
CHINA MACHINE PRESS

本书紧密围绕绿色建筑三星级项目的目标达成和设计、施工及管理全过程展开，全书共分为六章，首先对绿色建筑研究进行了综述，以中交智韵大厦项目为例，对该项目绿色建筑技术与达标情况进行了概述，然后对其规划设计阶段和施工阶段采用的绿色建筑技术和施工管理方法进行了细致的讲解，并分析了该项目的绿建增量成本和取得的绿色效益，最后总结了该项目在规划设计和施工管理等方面取得的先进经验，同时对后期运营阶段的成果进行了展望。

本书适用于建筑设计、施工及管理人员，特别是对正在从事绿建设计、施工、研究的技术人员，更有参考价值和借鉴意义。同时，本书对于智慧建造和绿色建筑相关专业的师生也有很好的学习和参考价值。

图书在版编目（CIP）数据

绿色建筑的设计、施工与全流程管理：智韵大厦绿建三星级建造实录 / 周晓光主编. -- 北京：机械工业出版社，2025.1. -- ISBN 978-7-111-76888-3

Ⅰ. TU201.5；TU74

中国国家版本馆 CIP 数据核字第 20248ZZ440 号

机械工业出版社（北京市百万庄大街 22 号　邮政编码 100037）
策划编辑：薛俊高　　　　　　责任编辑：薛俊高　张大勇
责任校对：樊钟英　梁　静　　封面设计：张　静
责任印制：张　博
北京雁林吉兆印刷有限公司印刷
2025 年 1 月第 1 版第 1 次印刷
184mm×260mm · 13.25 印张 · 282 千字
标准书号：ISBN 978-7-111-76888-3
定价：69.00 元

电话服务　　　　　　　　　　网络服务
客服电话：010-88361066　　　机　工　官　网：www.cmpbook.com
　　　　　010-88379833　　　机　工　官　博：weibo.com/cmp1952
　　　　　010-68326294　　　金　书　网：www.golden-book.com
封底无防伪标均为盗版　　机工教育服务网：www.cmpedu.com

前　言

党的二十大报告对"积极稳妥推进碳达峰碳中和"做出了具体的战略部署，这是党中央统筹国内、国际两个大局做出的重大决策，是贯彻新发展理念、构建新发展格局、推动高质量发展的内在要求。建筑领域清洁低碳转型是实现"双碳"目标的重要环节，对于推动经济社会绿色化、低碳化发展，实现高质量发展目标意义重大。

本书紧密结合现行的国家相关标准和绿建三星项目实施情况，对绿色建筑研究综述、绿色建筑评价方法、绿色建筑设计技术、绿色施工技术、绿建增量成本与绿色效益等内容进行了系统的介绍，力求结合工程实际，明晰常规适应性绿色建筑设计和绿色施工技术的特点与应用。

本书涵盖指标体系研究、规划设计、材料选择、施工工艺、运营管理与维护、评价体系等绿色建筑全生命周期的各项内容，突出前沿性，紧跟时代脉搏；同时强调实用性，能够帮助读者建立起绿色建筑的基本知识结构，积极探索绿建三星级从规划设计到施工管理与运行的全过程管理，可作为建筑设计、建筑咨询等从业者及相关科研人员的参考书目。

全书共分6章，由周晓光主编并统稿，其中周晓光负责编写第1章绿色建筑研究综述、第2章智韵大厦项目绿色建筑技术与达标情况概述及第6章智韵大厦绿建实践结论与展望，喻江春、代佩武和李伟共同编写第3章智韵大厦绿色规划设计探索与实践、第4章智韵大厦绿色施工技术探索与实践，李俊峰和李逸凡共同编写第5章智韵大厦绿建增量成本与绿色效益研究。

本书编写中借鉴、参考了大量标准规范、期刊、图书和项目案例等文献资料，谨向有关文献的作者表示衷心的感谢。

本书在编写过程中，得到了机械工业出版社建筑分社副社长薛俊高及其他编辑和工作人员给予的大力帮助和支持，在此表示衷心的感谢。

由于编者的水平有限，书中错误和不足之处在所难免，敬请专家和读者批评指正，不胜感谢。

编　者

2024 年 8 月

目　　录

第1章 绿色建筑研究综述

1.1 绿色建筑定义

20世纪60年代，"生态建筑"理念第一次被提出，直至70年代，突然而至的石油危机对节能建筑体系的发展起到了推动作用，其可以看作是生态建筑发展的开端。随着可持续发展理念的进一步确立，"绿色建筑"这一概念由联合国环境与发展会议在1992年首次明确提出。绿色建筑正是遵循保护地球环境节约资源、确保人居环境质量这样一些可持续发展的基本原则。

"绿色"是指大自然中植物的颜色，植物把太阳能转化为生物能，是自然界生生不息的生命活动的最基本元素，在中国传统文化中"绿色=生命"。可持续发展又具有环境、社会和经济三方面内容。可持续建筑从最初的低能耗、零能耗建筑，到后来的能效建筑、环境友好建筑，再发展到绿色建筑和生态建筑。低能耗、零能耗建筑属于可持续发展的第一阶段，能效建筑、环境友好建筑属于第二阶段，而绿色建筑、生态建筑可认为是可持续发展的第三阶段。由此，在可持续发展理念及"碳达峰"和"碳中和"背景下，绿色建筑正在成为世界建筑发展的重要方向，大力发展绿色建筑是未来建筑业发展的大势所趋。

如图1-1所示，绿色建筑的目标主要体现在经济、社会、环境三个方面。经济目标为在建筑的生命周期，协调经济发展需求与生态环境保护之间的矛盾；社会目标是融合人类的心理、文化、社会需求和环境目标，构建和谐健康的新生态文化；环境目标则是利用新技术，提高资源利用率，减少耗用传统动力能源以减小建筑对环境的影响，将其控制在生态可承载力水平内，从而实现人居环境与自然环境的和谐发展。

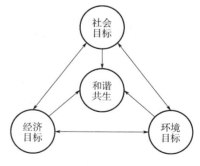

图1-1 绿色建筑的目标体系

由于各国经济发展水平、地理位置等条件的不同，各国对绿色建筑定义和内涵的理解不尽相同。

英国建筑设备研究与信息协会（BSRIA）指出"一个有利于人们健康的绿色建筑，其建造和管理应基于高效的资源利用和生态效益原则"。

美国加利福尼亚环境保护协会指出"绿色建筑也称为可持续建筑，是一种在设计、修建、装修或在生态和资源方面有回收利用价值的建筑形式。绿色建筑要达到一定的目标，比如高效地利用能源、水以及其他资源来保障人体健康，提高生产力，减少建筑对环境的影响"。

我国的《绿色建筑评价标准》（GB/T 50378—2019）给出了绿色建筑的定义，即"在全寿命期内，节约资源、保护环境、减少污染，为人们提供健康、适用、高效的使用空间，最大限度地实现人与自然和谐共生的高质量建筑"。定义可以从以下几个层面来理解。

（1）全寿命期 全寿命期覆盖绿色建筑生产的全过程，其中包括建筑材料的生产、组装与运送，从建筑方案设计阶段、建造阶段、运行阶段到拆除阶段，以及建筑拆除之后废弃物的处理、回收再利用等。

（2）节约资源、保护环境、减少污染 这三条内容主要针对环境部分做出要求，建筑的全寿命期须尽可能地节约资源，包括能源、水资源、材料、土地。同时采取措施减少建筑施工过程以及使用过程中的污染物排放与建筑垃圾的产生，减少对环境的压力。

（3）为人们提供健康、适用、高效的使用空间 健康与适用是建筑的本质要求，在满足于基本安全的室内环境的基础上，进一步考虑绿色建筑的性能；"高效"部分考虑到了使用者使用中的舒适性以及经济性，在相同的面积下使建筑室内使用尽可能多地满足使用者的需求，可以使节约用地资源与满足使用者的需求两个条件同时得到满足。

（4）人与自然和谐共生 人与自然的和谐共生是绿色建筑追求的更高目标与结果。达到这样的目标需要可持续理念的传播与执行，绿色建筑除了自身的健康发展之外还要肩负起理念传播的作用。

由上可知，虽然目前国内外对绿色建筑的定义尚未达成一致，但基本都认同绿色建筑应具备对有限资源的充分利用、创造适宜居住的生活环境以及与环境友好共处三方面内容。而且，由我国的《绿色建筑评价标准》（GB/T 50378—2019）对绿色建筑的定义可知，绿色建筑的界定是以性能表现而不是技术措施作为衡量标准，其不等于绿化率较高的建筑；绿色建筑并不一定意味着大量的绿化面积或者复杂高新技术的使用，其核心是通过采用环保材料、绿色建筑技术，利用自然条件等方式达到降低建筑物在生命周期内的资源和能源消耗，保护自然生态系统的目的。同时，这一切不能降低使用功能，仍应以保证室内居住的舒适性以及室外环境质量，为居住者创造健康适宜的生活工作环境，实现人类、生态环境和社会三者协调发展为终极目标。

1.2 绿色建筑发展历程

1.2.1 国外绿色建筑发展概况

绿色建筑的发展是与环境问题和可持续发展密切相关的。18 世纪到 19 世纪期间，由于当时产业革命所带来的负面效果，出现了工业生产污染严重、城市卫生状况恶化、环境质量急剧下降等问题，并引发了严重的社会问题。美国、英国、法国等早期的资本主义国家出现了城市公园绿地建设活动，这一措施为解决当时的环境问题提供了重要途径。城市公园绿地建设提出了诸如城市公园与住宅联合开发模式、废弃地的恢复利用、注重植被生态调节功能等具有创新性的思想。这一措施为在城市发展中被迫与自然隔离的人们创造了与大自然亲近的机会，也在一定程度上反映了绿色建筑的思想。

20 世纪 60 年代，美籍意大利建筑师保罗·索勒瑞首次将生态与建筑合称为"生态建筑"，即"绿色建筑"，使人们对建筑的本质又有了新的认识。真正的绿色建筑概念在这时才算被提出来。1972 年联合国人类环境会议在斯德哥尔摩召开，大会通过《人类环境宣言》，提出了人与人工环境、自然环境保持协调的原则。

1980 年，世界自然保护联盟在呈报联合国的《世界自然保护战略》中首次提出"可持续发展"的口号，德、英、法、加拿大等国家开始广泛应用建筑节能体系，并使其得到进一步完善。

1987 年，联合国环境与发展委员会在《我们共同的未来》中首次明确提出了"可持续发展"的理念，全面准确地为"可持续发展"作了定义。

1990 年，世界上第一个绿色建筑标准在英国诞生，英国建筑研究所率先制定了世界上第一个绿色建筑评估体系 BREEAM，填补了绿色建筑无规范性标准的空白。

1992 年，联合国环境与发展大会出台了《21 世纪议程》，体现了环境与发展领域的全球共识和最高级别的政治承诺，国际社会广泛接受了可持续发展的概念，即"既满足当代人的需要，又不对后代人满足其需要的能力构成危害的发展"，并在会中比较明确地提出"绿色建筑"的概念。绿色建筑由此成为一个兼顾关注环境与舒适健康的研究体系，并且在越来越多的国家实践推广，成为当今世界建筑发展的重要方向。

1993 年，国际建筑师协会第十九次代表大会通过了《芝加哥宣言》，宣言中提出保持和恢复生物多样性，资源消耗最小化，降低大气、土壤和水污染，使建筑物卫生、安全、舒适以及提高环境保护意识等原则。

1999 年，在美国成立世界绿色建筑协会（World GBC/WGBC）。

进入 21 世纪以后，绿色建筑的内涵和外延更加丰富，绿色建筑理论和实践得到进一步深入和发展，受到各国的重视，在世界范围内形成了快速发展的态势。为了使绿色建筑的概念具有切实的可操作性，不同国家先后根据本国实际情况，建立了绿色建筑评价体系，并在逐步完善。绿色建筑评价体系由早期的定性评估转为定量评估，并从单一的性能评价指标转为经济、技术性能、环境的综合评价指标体系。

到 2020 年，全球的绿色建筑评估体系已有 20 多个，而且有越来越多的国家和地区将绿色建筑标准作为强制性规定。各国的评价体系有英国 BREEM、德国的 DGNB、美国的 LEED、加拿大 GBTool、日本 CASBEE 等。

1.2.2 国内绿色建筑发展概况

我国绿色建筑经过不断发展，已实现从无到有、从少到多、从个别城市到全国范围，从单体到城区再到城市规模化的发展，直辖市、计划单列市及省会城市保障性安居工程等已全面强制执行绿色建筑标准。绿色建筑实践工作稳步推进、绿色建筑发展效益日益明显，从国家到地方、从政府到公众，全社会对绿色建筑的理念、认识和需求正在逐步提高。

中国最早引入绿色建筑的概念是在 20 世纪 90 年代。1994 年 3 月，我国颁布了《中国 21 世纪议程——中国世纪人口、环境与发展白皮书》，首次提出"促进建筑可持续发展，建筑节能与提高居住区能源利用效率"，同时启动了"国家重大科技产业工程——2000 年小康型城乡住宅科技产业工程"。1996 年 2 月，我国发布《中华人民共和国人类住区发展报告》，为进一步改善和提高居住环境质量提出了更高的要求和具体的保证措施。

2001 年 5 月，原建设部住宅产业化促进中心承担研究和编制的《绿色生态住宅小区建设要点与技术导则》，以科技为先导，以推进住宅生态环境建设及提高住宅产业化水平为目标，全面提高住宅小区节能、节水、节地、治污水平，带动相关产业发展，实现社会、经济、环境效益的统一。多家科研机构、设计单位的专家合作，在全面研究世界各国绿色建筑评价体系的基础上并结合我国特点，制定了"中国生态住宅技术评价体系"。出版了《中国生态住宅技术评价手册》《商品住宅性能评定方法和指标体系》。

2002 年，我国颁布《中华人民共和国环境影响评价法》，明确要从源头上控制开发建设活动对环境的不利影响。同年，"绿色奥运建筑评价体系研究"课题立项，课题汇集了清华大学、中国建筑科学研究院、北京市建筑设计研究院、中国建筑材料科学研究院、北京市环境保护科学研究院等 9 家单位近 40 名专家共同开展工作。"绿色奥运、科技奥运、人文奥运"的理念，最大限度地利用资源、减少污染、提高建筑环境质量等为特点的绿色建筑得到广泛关注。

2006 年，原建设部首次发布绿色建筑的评价标准，即《绿色建筑评价标准》（GB/T 50378—2006），这是我国第一部从住宅和公共建筑的全寿命期出发，多目标、多层次对绿色建筑进行综合性评价的国家标准。自此之后，我国绿色建筑评价标识工作正式开启，绿色建筑相关政策发布的序幕也由此拉开。

2007 年，原建设部发布了《绿色建筑评价技术细则》《绿色建筑评价标识管理办法》《绿色施工导则》《绿色建筑评价标识实施细则》，规定了绿色建筑等级由低至高分为一星、二星和三星共三个星级。

2008 年，住房和城乡建设部组织推动绿色建筑评价标识和绿色建筑示范工程建设等一系列措施，成立中国城市科学研究会节能与绿色建筑专业委员会，对外以中国绿色建筑委员会的名义开展工作。

2010 年，住房和城乡建设部发布了《建筑工程绿色施工评价标准（GB/T 50604—

2010），进一步明确了绿色建筑施工的相关规范。

2013 年，《绿色建筑行动方案》发布，该方案对"十二五"期间的新建绿色建筑提出了要求，即面积应达到 10 亿 m²；到 2015 年底，在全国城镇的新建建筑中，能够达到绿色建筑相关要求的占 20%，2020 年达到 30%。

2015 年，住房和城乡建设部基于其发布的《绿色建筑评价标准》（GB/T 50378—2014），制定了《绿色建筑技术评价细则》，进一步完善了我国绿色建筑的标准规范，为推动绿色建筑的发展提供了重要支撑。

2016 年，《中共中央国务院关于进一步加强城市规划建设管理工作的若干意见》提出：按照"适用、经济、绿色、美观"的建筑方针，突出建筑使用功能以及节能、节水、节地、节材和环保，防止片面追求建筑外观形象。

2017 年，《"十三五"节能减排综合工作方案》指出：编制绿色建筑建设标准，开展绿色生态城区建设示范，到 2020 年，城镇绿色建筑面积占新建建筑面积比重提高到 50%。

2017 年，由住房和城乡建部组织的第十三届国际绿色建筑与建筑节能大会暨新技术与产品博览会在北京胜利召开，大会围绕"提升绿色建筑质量，促进节能减排低碳发展"主题，探讨了绿色建筑与建筑节能的最新成果，并对其未来的发展进行了预估，大会还共享了绿色建筑与建筑节能工作的全球化新经验。大会的成功举办，对我国绿色建筑行业今后的发展有着深远的意义，对绿色建筑前沿理论的补充和关键技术的提升亦有着不可估量的作用。同年，住房和城乡建设部颁布了《建筑节能与绿色建筑发展"十三五"规划》，规划提出：到 2020 年，全国城镇新建建筑中绿色建筑面积比重超过 50%。

2018 年，《住房城乡建设部建筑节能与科技司关于 2018 年工作要点的通知》发布，明确要推动新时代高质量绿色建筑发展。引导有条件地区和城市新建建筑全面执行绿色建筑标准，扩大绿色建筑强制推广范围。

2019 年修订《绿色建筑评价标准》（GB/T 50378—2019），新标准以建筑使用者的体验为视角，重视"以人为本"、"安全耐久、健康舒适、生活便利、资源节约、环境宜居"等；在评价方式和阶段中，增加预评价和模拟计算；增设"基础级"绿色建筑星级；明确规定一星、二星、三星级建筑需全装修；完善了其他星级建筑的强制性技术要求以及在耐久性、室内空气、停车场设施等现代设施方面的规定。这一修订也标志着，在经历十多年的反复推敲修改后，我国绿色建筑的各项规定标准已达到国际领先水平。

2021 年，中共中央、国务院印发《国家标准化发展纲要》，提出"建立健全碳达峰、碳中和标准""完善绿色建筑标准""推动新型城镇化标准化建设"等多项建筑领域重点绿色发展任务，对于推动新时代高质量绿色建筑创新发展，满足人民群众对优质绿色建筑的需求，建立新时期"绿色、健康、智慧"人居标准具有重要意义。

2022 年，《高耗能行业重点领域节能降碳改造升级实施指南（2022 年版）》《城乡建设领域碳达峰实施方案》等先后发布，提出到 2025 年建筑行业能效标杆水平以上的产能比例均达 30%、星级绿色建筑占比达到 30% 以上、新建政府投资公益性公共建筑和大型公共建筑全部达到一星级以上。

2022 年，住房和城乡建设部发布《"十四五"建筑节能与绿色建筑发展规划》，提出到 2025 年，城镇新建建筑全面执行绿色建筑标准，完成既有建筑节能改造面积 3.5 亿 m^2 以上，建设超低能耗、近零能耗建筑 0.5 亿 m^2 以上，装配式建筑占当年城镇新建建筑的比例达到 30%，全国新增建筑太阳能光伏装机容量 0.5 亿千瓦以上，地热能建筑应用面积 1 亿 m^2 以上，城镇建筑可再生能源替代率达到 8%，建筑能耗中电力消费比例超过 55%。

2023 年，全国各地纷纷制定绿色建筑和超低能耗建筑的发展规划，尤其在新建建筑和政府投资的建设项目中更加强调绿色建筑的占比。为了提高建设绿色建筑的积极性，各地出台了诸多绿色建筑和超低能耗建筑的激励政策，包括财政补贴、优先评奖、容积率及预售资金监管留存比例允许适当下调等。

可以说，绿色建筑是由传统高消耗型发展模式转向高效绿色型发展模式的必由之路，也是当今世界建筑发展的必然趋势。中国绿色建筑保持迅猛发展态势，越来越多的绿色建筑项目在全国各地涌现，大规模的绿色建筑推广将是城镇建设的必然需求。

1.3 绿色建筑技术特征

自从 20 世纪 90 年代中国引入绿色建筑的概念，到 2008 年北京承办"绿色奥运"，再到"十四五"建筑节能与绿色建筑发展规划的提出，我国用了近 30 年的时间，将绿色建筑技术向世界先进水平迈进了一大步。

2008 年北京迎来了奥运会这个举世瞩目的盛大活动，我们以"绿色奥运、科技奥运、人文奥运"为理念，无论是赛事场馆还是运动员宿舍全部都在为参会者提供一个舒适、健康的活动空间，并且所有的奥运建筑都秉承着全生命周期节能、节水、节材，保证室内便捷舒适、室外生态健康的宗旨，打造了一个绿色的奥运村。没有钢筋和混凝土的国家游泳中心"水立方"，将"节材"做到了极致；"水立方"的建筑围护结构由内外两层 ETFE（聚四氟乙烯）气枕组成，透明的 ETFE 薄膜建筑外围护结构设计能充分利用自然光，其透光特性可保证 90% 的自然光进入场馆，达到节约照明能耗的目的，如图 1-2 所示。

2010 年上海举办世界博览会（简称

图 1-2 国家游泳中心"水立方"建筑图

世博会），世博会中最引人瞩目的中国馆引入了先进的科学技术以使其全方位地符合节能环保的绿色理念。大厅由四根立柱撑起，四面通风，使人倍感舒适；外墙及涂料均是无污染无放射的绿色环保材料，保证了良好的生态环境；门窗玻璃均采用LOW-E玻璃材质，将反射的热能储存用以降低能耗，如图1-3所示。

图1-3　"中国馆"建筑图

　　绿色建筑技术注重对先进技术的科学合理应用，通过做好绿色配置，做好建筑的通风和采光，注重对各种新能源的开发和利用，实现了对资源的有效整合，达到了建筑建造与生态环境的和谐统一。因此，绿色建筑技术应遵循安全舒适性、节能性、环保性、地域性和宜居性等基本原则。

　　（1）安全舒适性　绿色建筑技术需要满足建筑长期使用要求，确保场地安全、生产安全、健康安全等，并给居住者提供良好的生活环境和活动场所。

　　（2）节能性　绿色建筑技术尽可能将对资源的损耗降到最低，在实际的绿色建筑设计过程中，需要合理利用太阳能、风能等可再生资源，结合现代化高效的节能技术，可有效防范污染，绿色建筑物的建造也能够减少能源的消耗。

　　（3）环保性　绿色建筑的建造要合理应用土地资源，利用一些没有污染的建筑材料，从建筑设计到建筑施工和建筑后期的拆除，都需要始终遵循环境保护的原则。

　　（4）地域性和宜居性　绿色建筑的设计过程中，要注重对本地建筑材料的应用，尊重当地的风土人情，建筑的设计需要体现宜居性和健康性。

　　以此为共识展开绿色建筑设计、施工、运营等，绿色建筑的技术特征明显，主要包括生态环境融入与本土设计（本土化）、绿色行为方式与人性使用（人性化）、智慧体系搭建与科技应用（智慧化）、建造方式革新与长寿利用（长寿化）、绿色低碳循环与全寿命期（低碳化）五方面的内容，如图1-4所示。

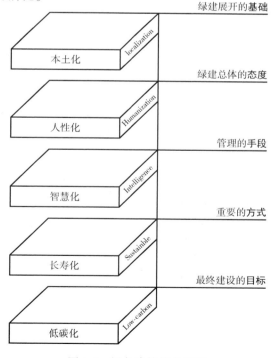

图1-4　绿色建筑技术特征

1.3.1 赋予建筑天然的绿色基因

本土化是设计展开的基础，是赋予建筑天然的绿色基因，体现地域、气候、资源、社会条件和文化特征。绿色建筑技术始终贯穿于整个建筑过程，而且不同的地域特点、不同的生活习惯，绿色建筑技术的应用也有侧重，具体包括以下内容：首先，绿色建筑技术应充分考虑当地的自然环境，包括气候、环境、资源等因素，尽可能地顺应、利用和尊重富有特色的自然因素，创造自然与人工相结合的美好环境。其次，建筑设计文化的概念，城市的历史和文化是宝贵的城市财富，是城市的"灵魂"，绿色建筑技术应扎根于当地生生不息的文化之中，从中汲取营养，继承历史文脉并创造新的文化。最后，利用绿色建筑技术能够创作出符合当地地域性特点的建筑，让城市重新找回自身的特色，让人们重新找到认同感。

继承中国传统文化天人合一的思想，强调城市环境发展的一体化与生命力，追求与自然的紧密贴合以及复合化的多样发展，创造因地制宜有机生长的立体化生态绿色体系。倡导因地制宜、体量适中、少人工、多天然的根植于地域文化的本土绿色建筑，其主要特征如下：

（1）响应地域气候条件 我国幅员辽阔，各地气候差异大。按照我国的《民用建筑热工设计规范》（GB 50176—2016），从建筑热工设计的角度出发，将全国建筑热工设计分为五个分区，即严寒、寒冷、夏热冬冷、夏热冬暖和温和地区，见表1-1。绿色建筑技术对具体的气候条件时有不同的应对策略，所关注的主要气候因素有太阳辐射、温湿度、风三个方面。

表1-1 建筑热工设计分区及设计要求

分区名称	分区指标		设计要求
	主要指标	辅助指标	
严寒地区	最冷月平均温度≤-10℃	日平均温度≤5℃的天数≥145	必须充分满足冬季保温要求，一般可不考虑夏季防热
寒冷地区	最冷月平均温度-10~0℃	日平均温度≤5℃的天数为90~145	应满足冬季保温要求，部分地区兼顾夏季防热
夏热冬冷地区	最冷月平均温度0~10℃，最热月平均温度25~30℃	日平均温度≤5℃的天数为0~90，日平均温度≥25℃的天数为49~110	必须满足夏季防热要求，适当兼顾冬季保温
夏热冬暖地区	最冷月平均温度>10℃，最热月平均温度25~29℃	日平均温度≥25℃的天数为100~200	必须充分满足夏季防热要求，一般可不考虑冬季保温
温和地区	最冷月平均温度0~13℃，最热月平均温度18~25℃	日平均温度≤5℃的天数为0~90	部分地区应考虑冬季保温，一般可不考虑夏季防热

（2）融入具体建设环境 相比于气候区尺度、城市尺度，本土化更关注的是具体的建设场地这一尺度。该尺度并不是狭义的建筑红线范围内，而是涵盖了其周边环境，更强调人

能感受到的空间范围，即"目之所及"的环境。当建设环境本身具有独特的场地特征时，如地处山林、河谷、沙漠、湿地等环境，保护自然环境、顺应地形地貌、整合场地生态等措施尤为重要。

（3）尊重当地文化传统　除了向当地特色传统建筑寻求空间和形式上的创作灵感外，也要关注到传统的建造方式、传统的材料，据此选取工艺。这里并不是指片面地拿来，而是要结合新时代、新建筑的实际需求，结合新的建造材料进行不断创新，如使夯土墙体、屋面挑檐、天井院落等传统建造智慧有所传承。这一条也是最有可能改变我国"千城一面"风貌的实践要求。

（4）适合当地经济条件　我国幅员辽阔，经济发展水平不一，盲目地追求高新技术这一路径走不通，尤其在经济欠发达地区，购置昂贵的设备本身就使地方经济负担过重，后期的维护更新更是无从谈起。因此应走因地制宜、适合地方经济条件的路线，秉持被动优先的原则，使其增量成本控制在基本要求范围内。

1.3.2　绿色建筑技术总体态度

人性化是绿色建筑技术总体的态度，崇尚的是不以牺牲大自然为代价的发展，更加重视人与环境的关系，真正从人的需要出发。

倡导绿色健康的行为模式与空间使用方式强化以"人"为核心的法则，从人的使用路径、景观、视野、交往空间、风光声热的感官舒适度等各方面进行综合比对，通过形象的实时模拟与生态环境相配合，以数据化的形式反映人在空间中的真实感受。在此过程中，能够引导健康的行为模式与增加心理满意度、改善空间环境质量与体感舒适度、便捷高效地制定活动路径及使用人性设施。

将人摆在设计的核心位置，研究人的行为路径、安全可靠性等内容，对人与使用的建筑和空间的交互方式进行创新和改造，设计符合人性化使用的各类设施。

1.3.3　绿色建筑低碳化

低碳（low carbon）化是最终建设的目标，应更加注重发挥全行业的集成创新作用，降低建筑全寿命期的资源环境负荷。

低碳意指较低的温室气体（二氧化碳为主）排放。低碳化是指在可持续发展理念指导下，通过技术创新、制度创新、产业转型、新能源开发等多种手段，尽可能地减少能源消耗，减少温室气体排放，达到经济社会发展与生态环境保护双赢的一种发展形态和应用创新技术与创新机制，通过低碳化模式与低碳生活方式，实现社会可持续发展。低碳生活是低能量、低消耗的生活方式，也代表着更健康、更自然、更安全、更环保的生活。

低碳化是一种绿色理念，是强调舒适、体验建筑美好的前提下的设计，不以指标数据为唯一标准，而是以适宜的设计手段去影响建筑，达成低碳的绿色设计目标。注重建筑全寿命期的绿色，重点关注降低建筑建造、运行、改造、拆解各阶段的资源环境负荷；全面关注节能、节地、节水、节材和环境保护；同时建立能量循环利用的概念，对光、风、水、绿、土、材形成充分循环利用。在具备条件的项目上鼓励装配式建造、适度的模数化设计与工厂化预制，可采用BIM、产业化、海绵城市、结构优化、智能控制等新技术，优化传统技术，降低增量成本。通过全过程的统筹管理，从策划到设计，从建造到运营，再到回收的全生命周期内实现绿色低碳循环。主要特征如下：

（1）调控使用需求与用能空间　低碳化倡导建筑的使用者控制使用标准，主动降低建筑用能，以实现社会可持续发展的目标。建造者可将相关信息传递给建筑使用者，通过创造低能量、低消耗空间条件的可能性，控制用能时间与空间，引导使用者更合理、健康地使用建筑，共同保护生存环境。

（2）鼓励可再生能源与资源的循环利用　在整个设计过程中要求最大可能地利用风能、太阳能、生物质能等可再生能源。通过适宜的、经济性可行的新能源应用技术，优化建筑用能结构，降低建筑采暖、空调、照明以及电梯等设备对常规能源的消耗，达到建筑节能目标；同时建立对水资源的循环利用系统，实现土地的节约，从低碳与可再生利用的角度考量建筑材料的再生应用。

（3）设计合理的建构方式与减少装饰浪费　以合理精巧的建构方式和建筑结构一体化展开设计建造，减少无功能意义的建筑装饰与装修；采用良好热工性能的外围护结构、建筑物的朝向与阳光相适应、关注开窗方式及构造等，达到节能、节材目标。

（4）提倡设备系统高效利用　在设备选用过程中，需要选择节能、高效的设备系统，提高能源的使用效率，降低碳排放。此外，设备的运行倡导使用信息数据和分区控制的手段，减少用能的浪费，达到节水、节能的目标。

1.3.4　绿色建筑长寿化

长寿化是重要的发展方式，绿色建筑更加注重延长建筑寿命与可变的适应性，以有效延长资源利用时间，提高资源利用效率。

长寿化提倡灵活可变和装配化的建造模式，通过建筑长寿化节约资源能源，降低环境负荷，减少建筑频繁的建造与拆除，延长资源的利用时间，可有效减少资源需求总量，降低对环境的影响，同时对既有建筑通过微介入做到更有效的利用。尽可能延长建筑结构的使用年限。

长寿化也意味着更加注重延长建筑寿命，有效延长资源利用时间，提高资源利用率。以降低资源能源消耗和减轻环境负荷为基本出发点，在建筑规划设计、施工建造、使用维护、运营的各个环节中，提升建筑主体的耐久性、空间的灵活性与适应性，全面实现建筑长寿化。长寿化是基于国际视角的开放建筑（Open Building）理论和SI（Skeleton and Infill）体系，并结合我国建设发展现状提出的面向未来的绿色建筑发展要求，是实现可持续建设的根本途径。

（1）建立了建筑的适应性　利用通用空间的灵活可变提高功能变化的适应性。从建筑全生命周期角度出发，采用大空间结构体系，提高内部空间的灵活性与可变性。主要体现在空间的自由可变和管线设备的可维修更换层面，表现为可进行灵活设计的平面、设备的自由选择、轻质隔墙与家具、设备管线易维护更新等。通过设置单元模块等充分考虑建筑不同的使用情况，在同一结构体系内可实现多种单元模块的组合变换，满足多样化需求。多种平面组合类型，为满足规划设计的多样性和适应性要求提供优化的设计。可采用 SI 分离体系将建筑的支撑体和填充体、管线完全分离，在提高建筑使用寿命的同时，既降低了维护管理费用，也控制了资源的消耗。

（2）提升建筑的耐久性　延长主体结构使用寿命和减震隔震的应用，延长部品部件的耐久年限和使用寿命；提高主体结构的耐久性能；最大限度地减少结构所占空间，使填充体部分的使用空间得以释放。同时，预留单独的配管配线空间，各类管线不埋入主体结构，以便检查、更换和增加新设备时不会伤及结构主体。外围护系统选择耐久性高的外围护材料，并应根据不同地区的气候条件选择节能措施。在全面提高建筑外围护性能的同时，注重其集成技术的耐久性。

（3）提升建筑的集成化　可采用标准化设计、工厂化生产、装配化施工、一体化装修和信息化管理等实现建筑的高集成度，便于在时间维度和不同阶段实现有效的控制与更换，避免大拆大改。

1.3.5　绿色建筑智慧化

智慧化是管理的有效手段，以信息技术为支撑，提升建筑功能和服务水平，为使用者的工作、生活提供便利。

以互联网、物联网、云计算、大数据、人工智能等为特色的信息技术作为绿色全周期的有力支撑，在搭建前期智能化设计方案的合理性模型，评估绿色能源系统的耗热量、碳排放指标、室内空气质量污染指数等的计量方面发挥着重要作用。

搭建完整智慧化体系架构。搭建完整的体系构架才能充分发挥智慧化体系的功能，保证数据的互联互通，使上层智慧应用体系中的各个应用高效地发挥作用，是一种高效的节能、环保。

建设强大智慧化分析"头脑"。智慧化体系需要强大的智慧化"头脑"，所谓"头脑"需要包括软、硬件两方面。硬件方面需要建设一个强大的数据处理和应急指挥中心；软件方面则可以结合 BIM、GIS、大数据等各类新兴技术，实现智慧建筑所需要的强大功能，制定各类管理和运维策略，以协调建筑内各系统，实现节能、环保的目标。

选择智慧化应用。不同建筑有其特定的功能，众多的智慧化应用中需要挑选出符合建筑使用和绿色调控的去使用。大型医院可使用排队叫号、智慧呼叫、远程探视、智慧处方等功能；办公建筑可使用云办公远程视频会议、智能照明等功能；商业建筑可使用生物识别支付、人流量统计及引导等功能……合理准确的信息传递，是节能、环保的重要手段，是各个建筑以及建筑子系统高效运行的基础。合理使用的智慧化应用，不仅能让建筑更加智慧环保，还能大幅提高用户的幸福感。

利用绿色性能化模拟和 BIM 进行反馈与管控。利用智能模拟工具进行建筑模拟分析、实时反馈，如室外风环境、室内热湿度、气流组织、通风、建筑空调、照明能耗、室外日照和建筑室内光环境、室内外噪声等模拟分析；保障绿色设计实施过程的科学性与准确性，建设基于 BIM 技术的全生命周期管理平台与设计实施系统。

1.4 绿色建筑评价标准解读

党的二十大报告提出全面建设社会主义现代化国家，必须坚持以人民为中心的发展思想，必须坚持在发展中保障和改善民生，鼓励共同奋斗创造美好生活，不断满足人民对美好生活的向往。建筑是人民群众生活和工作的主要空间，随着经济和生活水平的提升，人民群众对房子的需求已从"有没有"转变为"好不好"，对建筑的体验性和获得感提出了更高的要求。

2006 年 3 月，原建设部首次发布绿色建筑的评价标准，即《绿色建筑评价标准》（GB/50378—2006），我国绿色建筑评价标识工作正式开启，绿色建筑相关政策发布的序幕也由此拉开。2015 年，住房和城乡建设部基于此标准，进一步完善了我国绿色建筑的标准规范；2019 年，国家更新了《绿色建筑评价标准》（GB/T 50378—2019）（以下简称《标准》2019版），正式实施日期为 2019 年 8 月。

《标准》2019 版更好地体现了"以人为本"的技术要求，积极贯彻落实绿色发展理念，推进绿色建筑高质量发展。

1.4.1 绿色建筑内涵解读

《标准》2019 版中构建了绿色建筑指标体系以及绿色建筑的新内涵，对绿色建筑的评价指标归属进行了更新，使其能更明确地阐明绿色建筑的定义。绿色建筑术语更新为"在全寿命期内，节约资源、保护环境、减少污染，为人们提供健康、适用、高效的使用空间，最大限度地实现人与自然和谐共生的高质量建筑。"

《标准》2019 版以百姓为视角，以性能为导向，强调了对节约资源的强制措施，保证绿色建筑在资源利用方面的优势，继承了绿色建筑的"四节一环保"，构建了具有中国特色和时代特色的新的绿色建筑指标，形成了更加强调人居感受的安全耐久、健康舒适、生活便利、资源节约、环境宜居这五大评价指标体系，见表1-2。

表 1-2 《绿色建筑评价标准》（GB/T 50378—2019）技术体系

《绿色建筑评价标准》技术体系	1 总　　则			
	2 术　　语			
	3 基本规定			
	4 安全耐久	Ⅰ 安全	Ⅱ 耐久	
	5 健康舒适	Ⅰ 室内空气品质	Ⅱ 水质	Ⅲ 声环境与光环境　Ⅳ 室内热湿环境
	6 生活便利	Ⅰ 出行与无障碍	Ⅱ 服务设施	Ⅲ 智慧运行　Ⅳ 物业管理
	7 资源节约	Ⅰ 节地与土地利用	Ⅱ 节能与能源利用	Ⅲ 节水与水资源利用　Ⅳ 节材与绿色建材
	8 环境宜居	Ⅰ 场地生态景观	Ⅱ 室外物理环境	
	9 提高与创新			

该类指标体系的优点体现在：

第一，符合目前国家新时代鼓励创新的发展方向；《标准》2019 版中对绿色建筑相关的科技创新与技术创新均有涉及，并且大力鼓励在此基础上进行更加高效的节能、数字化等方面的创新技术。

第二，指标体系名称更易懂、易理解和易接受；将一级指标与二级指标设置成易于理解的词汇，让人们在阅读时可以对绿色建筑有大概的了解。

第三，指标名称体现了新时代所关心的问题，能够提高人们对绿色建筑的可感知性。在过去使用者参与绿色建筑、了解如何更好地运用绿色技术方面涉及较少，导致使用者较难感知到绿色建筑对健康舒适的影响。因此，《标准》2019 版对这一方面的内容进行了补充，增加"健康舒适"与"生活便利"部分，以提高使用者生活中在安全与舒适方面的要求。

1.4.2 绿色建筑评价时间节点解读

建设工程分为设计阶段、施工阶段、竣工阶段、使用阶段 4 个阶段。由于建成后建筑的各项性能指标较为确定，所以大部分的绿色建筑评价标准都包含对竣工阶段的评价。我国 2014 版绿色建筑评价标准对建筑的设计阶段以及建筑竣工阶段进行了评价，但由于标准实施过程中进行设计评价的项目较多，而实际竣工后的实际效果却得不到证实。在《标准》2019 版对评审时间节点及执行阶段进行了再设置，以保证绿色技术措施的正常运行。取消了设计评估、运营评估等概念规定要在竣工后对绿色建筑进行评价，并取得相应标识。而设计评价则改为设计阶段的预评价报告的提交而非标识的获取，在项目竣工之后设置最终认定和申请标识的评价时间节点，见表 1-3。

表 1-3 《绿色建筑评价标准》（GB/T 50378—2019）评价时间节点

评价阶段	评价时间节点	评价成果
预评价	建设工程完成竣工验收，运行使用一年后	预评价报告标识证书

将绿色建筑评价的时间节点重新设定在建设工程竣工验收后，其优点是可以保证绿色建筑的实际使用效果满足其评估的等级，不会出现设计与最终结果不符的情况，可以有效地检验绿色建筑的实际性能。

将设计阶段评价改为设计阶段预评价，能够尽早地掌握建筑工程可能实现的绿色性能，为调整方案或更改技术措施提供时间上的可能，并且预评价阶段可以作为《绿色建筑评价标准》2014 年版设计评价的过渡，能够与各地现行的设计标识评价制度相衔接。但从设计评价到预评价的过渡取消了对设计阶段绿色建筑评价的证书获取，可能会在实施过程中降低评价的积极性而导致预评价的实际实施效果降低。

绿色建筑在新时代的主要途径是从速度发展到质量发展的转变，而满足新时代绿色建筑发展要求的关键途径之一是重新定位绿色建筑的评价阶段，以运行实效为引导绿色建筑发展的主要方向。

在《绿色建筑评价标准》（GB/T 50378—2014）实施过程中发现，绿色建筑在申报过程中大多仅申请设计标识的评估，对实际运行时的建筑性能并不能较好地掌控。截至 2017 年，全国获得绿色建筑评价标识的建筑超过 1 万个，总面积超过 10 亿 m^2，但获取绿色建筑运行标识的项目仅占其中的 7%。

《标准》2019 版将评估设定在建筑的竣工阶段，去除了设计标识的评估而增加了相应阶段的预评估。该修订使《标准》2019 版评估的是建筑物建成后的性能，能够更加有效确保绿色建筑技术落地，保证绿色建筑性能的实现。

1.4.3　绿色建筑评价等级与计算方式解读

《标准》2019 版以原有一星级、二星级和三星级的评定为基础，增加基本级的概念，即满足所有控制项要求但不能达到一星级的要求时的评价等级，控制项是绿色建筑的必要条件，当建筑项目满足本标准全部控制项的要求时，绿色建筑的等级即达到基本级。

当对绿色建筑进行星级评价时，首先应该满足本标准规定的全部控制项要求，同时规定了每类评价指标的最低得分要求，以实现绿色建筑的性能均衡。一星级、二星级、三星级的得分标准分别为 60 分、70 分、85 分，见表 1-4。

表 1-4　《绿色建筑评价标准》（GB/T 50378—2019）等级划分

等级/标准分值	分值
基本级	40（所有控制项得分）
一星级	60
二星级	70
三星级	85

《标准》2019 版在计算得分方面采用绝对分值累加法，即各部分的得分之和与控制项得分之和除以 10 为最终得分。《标准》2019 版对绿色建筑评价过程中的分类进行了更进一步的详细划分，对满足于控制项的建筑即划为绿色建筑；增加相应的最低等级，对建筑设计过程中的绿色设计理念有良好的促进作用，对未满足一星级的建筑项目提供基本级的设计期待，见表 1-5。

表 1-5 《绿色建筑评价标准》（GB/T 50378—2019）评价分值

项目 分值	控制项 基础分值 Q_0	评价指标评分项满分值					提高与创新 加分项 Q_A
		安全耐久 Q_1	健康舒适 Q_2	生活便利 Q_3	资源节约 Q_4	环境宜居 Q_5	
预评价分值	400	100	100	70	200	100	100
评价分值	400	100	100	100	200	100	100

绿色建筑评价的总得分按下式进行计算：

$$Q = (Q_0 + Q_1 + Q_2 + Q_3 + Q_4 + Q_5 + Q_A)/10 \tag{1-1}$$

式中　　Q——总得分；

Q_0——控制项基础分值，当满足所有控制项的要求时取 400 分；

$Q_1 \sim Q_5$——评价指标体系的 5 类指标（安全耐久、健康舒适、生活便利、资源节约、环境宜居）评分项得分；

Q_A——提高与创新加分项得分。

《标准》2019 版作为国家范围的绿色建筑评价工具，既要体现其引领绿色建筑行业的地位，又要兼顾我国绿色建筑地域发展不平衡和推广普及绿色建筑的重要作用，还要考虑与国际标准进行接轨。

因此增加"基本级"在扩大绿色建筑覆盖面的同时也便于国际交流、推广普及绿色建筑。但同样会有以下考量：目前，我国部分地方标准对项目申评绿色建筑的数量有一定的要求，在"基本级"出现之前绿色建筑需要满足一星级，但在"基本级"出现之后达到"基本级"即被认证为是绿色建筑。在"基本级"的实践初期各个地区可能会为了达到绿色建筑数量的要求而产生大量的"基本级"绿色建筑，虽然《标准》2019 版在多项要求上均有提高，但新的"基本级"仍然达不到原有一星级的要求，那么短时间内通过评价的绿色建筑平均节能效果也有可能降低。

《标准》2019 版确立了"以人为本、强调性能、提高质量"的绿色建筑发展新模式。在指标体系上，评价指标共计 110 项，具体的控制项和评分项条文分布以及新增条文的数量和占比见表 1-6。

表1-6 《绿色建筑评价标准》（GB/T 50378—2019）指标体系分析表

评价指标	条文数量			新增条文数量	新增占比
	总数	控制项	评分项		
安全耐久	17	8	9	12	70%
健康舒适	20	9	11	6	30%
生活便利	19	6	13	5	26%
资源节约	28	10	18	2	7%
环境宜居	16	7	9	3	18%
提高与创新	10	0	10	4	40%
合计	110	40	70	32	28%

1.4.4 绿色建筑性能要求解读

《标准》2019版对绿色建筑的性能要求严格，主要体现在对于一些指标要求的大幅度提升方面。

1）更新和提升了建筑在安全耐久、能源节约与资源节约各方面的技术性能要求，综合提升了绿色建筑的性能要求。

2）要求基本级以上的绿色建筑必须全装修。为保证绿色建筑的性能和质量，提高和新增了全装修、室内空气质量、水质、健身设施、垃圾、环境友好等要求。尤其对一星级、二星级、三星级绿色建筑提出了全装修的交付要求，并且在工程质量、选用材料的环保性以及产品质量是否符合国家现行标准方面进行了约束。

建筑全装修交付能够有效杜绝擅自改变房屋结构等"乱装修"现象，保证建筑安全，避免能源和材料浪费，降低装修成本，节约项目时间，减少室内装修污染及带来的环境污染，并避免装修扰民，更加符合现阶段人民对于健康、环保和经济性的要求，由于全装修在资源节约、环境保护、居民的健康舒适等方面都有益处，原建设部在2002年就提出了对住宅全装修的推广建议。因此，全装修对于积极推进绿色建筑实施具有重要的作用，见表1-7。

表1-7 一、二、三星级绿色建筑的技术要求

技术要求	一星级	二星级	三星级
围护结构热工性能提高比例，或建筑供暖空调负荷降低比例	围护结构提高5%，或负荷降低5%	围护结构提高10%，或负荷降低10%	围护结构提高20%，或负荷降低15%
严寒和寒冷地区住宅外窗传热系数降低比例	5%	10%	20%
节水器具用水能效等级	3级	2级	

（续）

技术要求	一星级	二星级	三星级
住宅建筑隔声性能	—	室外与卧室之间，分户墙（楼板）两侧卧室之间空气隔声性能以及卧室楼板的撞击声隔声性能达到低限标准和高限标准的平均值	室外与卧室之间，分户墙（楼板）两侧卧室之间空气隔声性能以及卧室楼板的撞击声隔声性能达到高限标准
室内主要空气污染物浓度降低比例	10%	20%	
外窗气密性能	符合国家现行相关节能设计标准的规定，且外窗洞口与外窗本体的接合部位应严密		

注：1. 围护结构热工性能的提高基准、严寒和寒冷地区住宅建筑外窗传热系数降低基准为国家现行相关建筑节能设计标准的要求。

2. 住宅建筑隔声性能对应的标准为现行国家标准《民用建筑隔声设计规范》（GB 50118）。

3. 室内主要空气污染物包括氨、甲醛、苯、总挥发性有机物、氡、可吸入颗粒物等，其浓度降低基准为现行国家标准《室内空气质量标准》（GB/T 18883）的有关要求。

3）新增加室内空气质量、水质、健身设施、全民友好等以人为本的有关要求。对"基本级"以上的绿色建筑等级提出了更高的要求，基本项的前提之下，还对三个星级的绿色建筑额外提出了节能、节水、隔声等要求，才可以获得相应的绿色建筑星级标识。如"二星级"绿色建筑，隔声性能的要求不仅要满足《民用建筑隔声设计规范》（GB 50118），绿色建筑的室外与卧室之间的空气隔声性能按 $(D_{nT,w} + C_{tr}) \geqslant 35dB$ 进行评价，三星级绿色建筑的室外与卧室之间的空气隔声性能按 $(D_{nT,w} + C_{tr}) \geqslant 40dB$ 进行评价，该部分的建筑性能要求目前没有相应的标准进行限定，所以在相应规范修订完成前按《标准》2019 版中的要求进行。

绿色建筑既是一个大范畴的系统，也是不同维度内容的组合，这种多维复合的特性也决定了绿色建筑技术的复杂性，既有不同气候区的限制，不同专业的要求，不同设计要素的考量，又有经济条件与环境的要求等，是多层次的叠合过程。因此，在实际的建设过程中很容易被碎片化，围绕绿色建筑技术特征这条顺序主线，进行正确的绿色价值引导，统筹方方面面，是绿色建筑研究的重要思路。下面章节将以天津"智韵大厦绿建三星级全过程管理"进行设计、施工的探索与实践，力争在资源和环境造成最小影响的基础上，获得最大效益。

第 2 章　智韵大厦项目绿色建筑技术与达标情况概述

2.1　项目基本信息

智韵大厦项目位于天津市河西区，东至公交首末站和停车场地块，南至资江道，西至洞庭路，北至洪江道，该场区地形开阔、地势平坦，地层结构简单，土层分布连续，厚度较稳定，物理力学性质较均匀，属均匀性地基。其总平面图如图 2-1 所示。

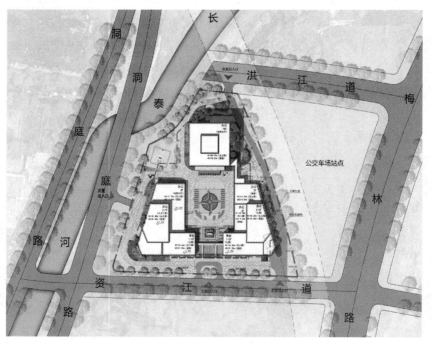

图 2-1　智韵大厦项目总平面图

项目规划可用地面积 22406.7m²，地上总建筑面积 58257.42m²，地下总建筑面积为 27500.0m²，结构形式为框架-核心筒结构，包括 1~8#楼共 8 栋公共建筑，地上建筑为塔楼 18 层，东西裙楼层数分别为 6 层、7 层、9 层，对应建筑高度分别为 99.9m、32.3m、36.4m、37.5m，地下车库共 2 层。其项目效果图如图 2-2 所示。

图 2-2　智韵大厦项目效果图

智韵大厦项目将办公、商业等建筑功能整合在 1~8#楼 8 栋单体建筑内，以现代手法延续中国传统院落空间和集群组合的概念，建设群组式的综合体建筑，项目容积率 2.6%。设计采用花园式的场所形态、整体化的建筑形态，通过绿色生态空间建构、智慧办公共享社区营造等设计手段，着力塑造开放性、共享性、公众化的运营模式和建筑体验。

在生态化能源循环方面，围绕"绿色—健康—智慧"构建特色明显的绿色建筑三星级，绿化率 10.5%；建造过程全面应用了绿色化材料和结构体系，并借助创新定义的室内外过渡空间打造阳光外廊。项目从原始地形特征出发，在其上叠加立体丰富的地面步行系统，为了形成整体形象，设计最大限度地留出地面空间及可穿越的整体通道。

2.2　三星绿色建筑指标要求

2.2.1　"安全耐久"指标要求

《标准》2019 版基于人对建筑的感知、感受所对应的建筑性能进行整理和分类。其中建筑安全是在使用建筑时所需满足的最基本属性，主要内容包括三大方面。第一，场地方面，在选址时尽量避免有可能发生地质灾害的地区；第二，建筑物理属性方面，包括建筑耐久、结构相应的防脱落或防腐蚀等；第三，降低使用者正常生活中危险发生可能性方面，人车分流以及疏散走廊保持通畅等。而且《标准》2019 版的"安全"部分内容主要包括人在使用时的"安全"，即建筑设计和施工中考虑人的"安全"，以及"安全"中建筑的"耐久"性。如表 2-3 所示，具体内容如下：

第一，"安全"评分项主要包括的内容评分共 53 分，分别涉及抗震、安全防护、安全产品、室外防滑措施及交通运输的组织和设计五个方面。

第二，"安全耐久"章节中继承原有条目的"耐久"部分，包含了原有的安全方面，如对于结构的牢固要求或是建筑部件的耐久性作了要求，也新增了对于地质和交通等方面的要求。

综合以上描述，"安全耐久"章节中主要涉及对建筑结构与维护安全、自然灾害的危险预处理、建筑室内安全与室外活动安全四大部分，各部分分值比例如图 2-3 所示。比例中建筑室内安全内容占较大部分，其次是建筑结构与建筑安全维护，这两项的高比重是由于目前国内建筑仍然以高层为主，在高层的安全方面，结构与室内的设备是影响建筑安全性能的重要因素。

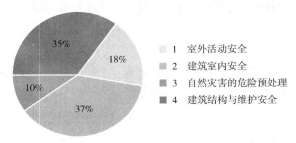

图 2-3   "安全耐久"章节各部分分值比例

2.2.2   "健康舒适" 指标要求

《标准》2019 版"健康舒适"章共有 20 条条文（控制项 9 条，评分项 11 条）。通过对室内空气质量、水质、声环境与光环境和室内热湿环境这五项建筑物理环境对人在建筑内部的健康以及舒适状态进行了评价。在这五项评分项中的比例以水质和室内热湿环境最高（25 分），光环境部分占比较低（10 分），空气环境和声环境各占 20 分，组成"健康舒适"章节的总分（100 分）。

由于建筑使用过程中的大部分时间是在室内，所以室内环境与使用者的健康舒适息息相关，同时考虑到室内装饰时的有毒物质排放对室内使用者的危害，因此对装修材料招采控制较为严格，室内装修材料的 TVOC 含量和挥发速度均需达到环保要求，这就需要在材料采购时，明确厂商必须进行相关材料的认证，可能会涉及一些第三方的检测和认证费用。

另外，《标准》2019 版也要求整体控制材料的选购，室内涂料、壁纸、陶瓷砖、人造板、木地板、防水与密封材料等装饰装修材料的有害物质限量符合国家现行绿色产品评价标准，同时还要求在竣工时室内空气中的氨、甲醛、苯、总挥发性有机物、氡、可吸入颗粒物的浓度低于现行国家标准《室内空气质量标准》（GB/T 18883）规定限值的 20%。室内 $PM_{2.5}$ 年均浓度不高于 $25\mu g/m^3$，且室内 PM_{10} 年均浓度不高于 $50\mu g/m^3$。这些要求对绿色材料采购和建筑的通风净化系统均提出了严格的要求，如何通过经济有效的手段实现良好的室内空气品质也是建设中需要考虑的重点。

同时，《标准》2019 版为了确保城市输水过程中的水质安全，针对城市输水以及二次供水之后的水质进行监测，以保障人员使用建筑过程中基本的水质安全。评分项水质部分三条均为新增条文，包括了针对水质和保持储水卫生相关的措施制定，更加注重可持续的使用者真实感受。

"健康舒适"章节优化并提高了采光空间和采光效率，强调不同地区使用相应的被动式设计满足室内的热舒适性和有利于人体健康的效果，注重对暖通、空调和遮阳设备等设施的可控性设计，更多地从强制性的设计或规范过渡到引导人们在满足舒适的环境的条件下，根据自身需要自行进行节约能源消耗的行为，把可持续化的理念渗透到人们日常生活中。

2.2.3　"生活便利"指标要求

《标准》2019 版"生活便利"章节主要从出行、建筑周边服务设施、智能管理和监控几个方面对绿色建筑提出了应满足使用者生活的周边环境及日常生活的要求。共 19 条条文（控制项 6 条，评分项 13 条）。

《标准》2019 版"生活便利"章节的内容涵盖范围更加丰富，不仅包含对使用者生活中出行、工作带来便利的条文设置，也包含了对建筑建成之后满意度与资源消耗的调查与评估。

条文中 2 项指标是对于建筑后期运营阶段的评估的加分项，逐渐地开始关注于建筑使用后评价，这是对于过快发展的建筑行业进行放缓和提升质量的方法之一。建筑使用后评价产生于 20 世纪 60 年代，对已经建成的建筑环境等方面进行评价并整理、反馈到设计之中，包括使用者满意度评估和综合性能评估等。使用后评估的规定不仅可以判定建筑建成之后达到预期值的程度，还可以将相关数据对设计方、研究方进行反馈，有利于二次设计或规范制定的数据积累。

在绿色教育的宣传方面，更加实质化了需要了解和宣传的内容，不再是泛泛而谈，而是根据自身实际拥有的技术和体验进行切实的交流和学习，删除了实际操作中较难判定的"行为成效获得公共媒体报道"的加分项。

条文中明确对室外的交通和活动的便利性进行了规定和加分，特别是对建筑周边的绿地和健身场地设有总分 15 分的加分项。由于智能化便于监控和管理的特点，4 项指标是对绿色建筑中使用智能检测系统和智能服务系统的加分项，共 24 分。

"生活便利"部分对绿色建筑的数据化和智能化管理进行了更进一步的要求，更加注重于引导设计方和使用方关注建筑使用者的体验、为公共交通和步行等方式的绿色出行提供便利的条件以及推动绿色建筑技术在实际生活中的使用。

2.2.4 "资源节约"指标要求

《标准》2019 版资源节约章节是对相关规定进行的发展与延伸。

节地与土地利用方面，沿用并融合了原有的部分内容，对停车面积的比例所对应的分值有所调整。

节能与能源利用方面，《标准》2019 版中"节能"条文研究涉及"节能"的控制项有 10 条，其中，3 条为绿色建筑的先决条件，7 条为控制项，换算分值为 7 分。节能的条目共 22 条，涉及分值为 20.5 分，占总分值的 19%。节能措施可以分为五大类，分别为采暖空调、围护结构、动力、照明、输配系统。

《标准》2019 版中整体节能相关的评分项共 12 条，分别涵盖健康舒适、资源节约、提高与创新章节，换算得分共计 13.5 分，见表 2-1。

表 2-1 《标准》2019 版中涉及节能的控制项

条目号	内容
先决条件	围护结构热工性能的提高比例：一星级 5%、二星级 10%、三星级 20%；建筑供暖空调负荷降低比例：一星级 5%、二星级 10%、三星级 15%
先决条件	严寒和寒冷地区住宅建筑外窗传热系数降低比例：一星级 5%、二星级 10%、三星级 20%
先决条件	外窗气密性能符合国家现行相关节能设计标准的规定，且外窗洞口与外窗本体的结合部位应严密
7.1.1	应结合场地自然条件和建筑功能需求，对建筑的体形、平面布局、空间尺度、围护结构等进行节能设计，且应符合国家有关节能设计的要求
7.1.2	应采取措施降低部分负荷、部分空间使用下的供暖、空调系统能耗
7.1.3	应根据建筑空间功能设置分区温度，合理降低室内过渡区空间的温度设定标准
7.1.4	主要功能房间的照明功率密度值不应高于现行国家标准《建筑照明设计标准》（GB/T 50034）规定的现行值，公共区域的照明系统应采用分区、定时、感应等节能控制，采光区域的照明控制应独立于其他区域的照明控制
7.1.5	冷热源、输配系统和照明等各部分能耗应进行独立分项计量
7.1.6	垂直电梯应采取群控、变频调速或能量反馈等节能措施，自动扶梯应采用变频感应启动等节能控制措施
7.1.8	不应采用建筑形体和布置严重不规则的建筑结构

节能与能源利用方面注重了对实际节能效果的监测数据进行节能判断，反映绿色建筑中的节能方面从注重节能措施的"1+1"累积运用逐渐转向为结合测量数据反映的实际效果，见表 2-2。

表 2-2　《标准》2019 版中涉及节能的评分项

条目号	内容
5.2.8	充分利用天然光
5.2.9	具有良好的室内热湿环境
5.2.10	优化建筑空间和平面布局，改善自然通风效果
5.2.11	设置可调节遮阳设施，改善室内热舒适
7.2.4	优化建筑围护结构的热工性能
7.2.5	供暖空调系统的冷、热源机组能效均优于现行国家标准《公共建筑节能设计标准》（GB 50189—2015）的规定以及现行有关国家标准能效限定值的要求
7.2.6	采取有效措施降低供暖空调的末端系统及输配系统的能耗
7.2.7	采用节能型电气设备及节能控制措施
7.2.8	采取措施降低建筑能耗
7.2.9	结合当地气候和自然资源条件合理利用可再生能源
9.2.1	采取措施进一步降低建筑供暖空调系统的能耗
9.2.7	进行建筑碳排放计算分析，采取措施降低单位建筑面积的碳排放强度

　　节水与水资源利用方面，进行了高度的精炼。节水方面对应的技术和要求不断提高，将"水"部分进行更详细划分。例如条文中涉及卫生器具达到用水效率等级 1 级的加分原本收录在"提高与创新"章节，侧面说明在《绿色建筑评价标准》2014 版制定时要求较为严格或较难达成，但《标准》2019 版中已经将同样条文归纳到前期章节中作为节水的标准之一，相应的技术要求和标准都有所提高。水资源的使用涉及范围不只在节水设备的使用和更加有效的灌溉上，在日常生活中与消防设施的使用时同样需要加以考虑。

　　节材与绿色建材方面对材料的可持续性进行了严格要求。绿色建材方面的评分材料涵盖了主体结构材料、装修材料、卫生洁具、防水材料、密封材料等；同时，对绿色建材在主体建筑中的使用比例也列入了评分。

2.2.5　"环境宜居"指标要求

　　《标准》2019 版中"环境宜居"内容多涉及室外环境，与"健康舒适"中的室内环境相结合对建筑的室内外环境进行了规范与提倡。其中控制项 7 条，评分项 9 条，共 16 条条文。

　　《标准》2019 版对"环境宜居"的条文更加严格，得分标准更加详细。强调了"人均集中绿地面积"的得分，并且总体的绿地率需要达到规划指标的绿地率的 105%。新概念"集中绿地面积"需要同时达到"$400m^2$ 以上"；宽度不小于 8m；1/3 以上面积无建筑阴影遮挡。条文中 2 项指标重点强调了建筑内外以及吸烟区域的标识系统，逐渐强调"标识"合理地引导使用者活动的作用。

2.2.6 "提高与创新"指标要求

《标准》2019版中"提高与创新"方面包含2条一般项与10条加分项，总分值为180分。能源方面，在"资源节约"方面指标的基础上增加了对进一步降低能耗的加分。比如，在《标准》2019版110项评价指标中，50余项与碳排放相关，涉及建筑、工业和交通运输等不同领域，见表2-3。

表 2-3 碳排放相关指标统计表

指标分项		数量	与建筑运行相关	建材/建造	交通运输	与碳排放无关
安全耐久	控制项	8	—	—	—	8
	得分项	9	—	3	—	6
健康舒适	控制项	9	6	—	—	3
	得分项	11	6	2	—	3
生活便利	控制项	6	—	—	3	3
	得分项	13	4	—	1	8
资源节约	控制项	10	6	3	—	1
	得分项	18	6	5	—	7
环境宜居	控制项	7	—	—	—	7
	得分项	9	3	—	—	6
提高与创新	得分项	10	4	3	—	3
合计		110	35	16	4	55

文化传承方面也提出了对适宜地区特色的建筑加分项，在绿色建筑中提出建筑文化的传承是对前文提到的可持续的"环境、社会、经济"三部分中社会方面的探索和发展。

2.3 三星绿色建筑技术实施

根据国家政策文件、天津市绿色建筑评审要求，以及智韵大厦项目实际功能和情况，项目在节材、节地、节水、节能和新技术、新工艺、新材料等方面以及设计、施工运维全过程全面执行绿建设计标准，绿建设计达到三星级的要求，最终取得绿建三星标识的终极目标，如图2-4所示。结合建筑全寿命期内的安全耐久、健康舒适、生活便利、资源节约、环境宜居、提高与创新六大方面性能进行综合评价，建筑技术实施主要体现在以下方面。

2.3.1 安全耐久，提高建筑安全性能和耐久年限

安全耐久是绿色建筑的基础和保障，也是重要的内涵之一。安全是广义的安全，耐久是最大的绿色。

1. 项目LOGO
2. 人行口
3. 车行口/成品岗亭
4. 消防应急口
5. 车行路
6. 停车位
7. 车库出入口
8. 车库人行口
9. 垃圾收集点
10. 通风井
11. 商业街/扑救场地
12. 商业外摆
13. 入口大堂
14. 景观石
15. 中心广场
16. 旗杆
17. 建筑大堂
18. 屋顶花园
19. 运动场地
20. 吸烟区
21. 健身慢行道
22. 挡土景墙
23. 下凹绿地
24. 雕塑（公园入口）
25. 运动场地
26. 儿童乐园
27. 亲水场地

图 2-4　智韵大厦项目整体设计

智韵大厦项目采用先进的施工工法和全过程、多主体的质量管控体系，在抗震性能、适变设计、安全防护、防滑措施和建筑耐久性能 5 个方面建设成果突出。

1. 抗震性能设计提升

智韵大厦具有高抗灾和优良的抗震性能。建筑正常使用年限 50 年，结构体系采用框架-剪力墙结构，建筑结构安全等级为标准设防类二级，抗震设防烈度 8 度。对于混凝土构件，采用了提高钢筋保护层厚度的高强度钢筋，使用比例达 85%，竖向结构采用 C50 及以上混凝土占混凝土总用量的 50% 以上。屋面采用了耐久性、防渗漏性能优异的防护系统，提高了整体建筑的抗震性能。

2. 适变性设计优化

项目大型空间采用大开间、灵活布置等措施提升建筑适变性；大型空间的设备和家具，采取模块化布置方式。项目管线主要敷设方式为电力电缆从地下配电间沿桥架至各楼强弱电井敷设至各层强弱电间，由强弱电间沿公区顶棚内桥架敷设至各功能房间，末端照明插座采用沿墙或地暗敷；给水排水、通风管道沿水暖井竖向敷设至各楼层水暖间，再经各层水暖间沿公共区域梁下顶棚敷设至各功能房间，其中 4# 楼采用架空地板，1~3#、5~8# 采用干式工法地暖，末端局部采用沿地或墙暗敷，大范围内实现了建筑结构与建筑设备管线的分离。

3. 安全防护措施加强

具有高结构设计性能。8 栋建筑周围和出入口均进行挑檐设计，同时结合景观设置隔离措施，防止高空坠物，保障行人安全，在室外人员活动密集处设置绿化缓冲区等防护措施。并在主要出入口设置高安全防护功能的玻璃，外门设置自动闭门器，防火门设置顺序器，设备井门均采用锁具通过交通管控和道闸的设置，楼梯、台阶以及在部分外窗台设置了护窗栏杆。在青少年和儿童经常活动的场所设置警示标志，比如禁止攀爬、禁止倚靠、禁止伸出窗外、禁止抛掷物、注意安全等，采取人车分流设计，并设置充足的照明。

4. 防滑措施到位

项目在不同部位采用不同的防滑措施。出入口采用防滑地垫，卫生间采用防滑地砖、公共楼梯采用橡胶地板等；其他公共区域，如建筑坡道和楼梯踏步，均设置了防滑条。

5. 建筑耐久性能提高

项目主体结构采用高耐久外饰面材料、绿色防水和密封材料、安全耐久玻璃、高耐久混凝土、高耐久室内装饰装修材料等，玻璃窗材料选用的铝合金型材在室外可视部位均采用氟碳喷涂表面处理；建筑围护结构热工性能提升 20%，如图 2-5 所示。

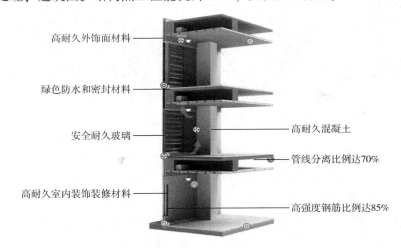

图 2-5　建筑耐久性能提高

2.3.2　健康舒适，改善建筑空间环境质量

绿色建筑技术注重从绿色健康的行为模式与空间使用的真实感受出发，智韵大厦项目从室内空气品质提升，创造良好声、光环境，室内热湿环境提升 4 个方面，营造出健康、舒适、自然、和谐的室内外建筑环境，使建筑区域内的人们有更多的获得感。

1. 提升室内空气品质

从源头进行室内空气质量把控，采用防水涂料、防水卷材、陶瓷砖等绿色产品以减轻室内空气污染源。氨、甲醛、苯、总挥发性有机物、氡等污染物浓度低于现行国家标准《室内空气质量标准》（GB/T 18883）规定限值的 20%；并在主要功能房间设置空气质量监控系统，实时监测温湿度、风速、PM_{10}、$PM_{2.5}$、CO_2 和甲醛浓度，并与空调新风系统联系，保证室内良好的空气质量，经过定时连续测量、显示、记录和数据传输，显示室内 $PM_{2.5}$ 年均浓度低于 $25\mu g/m^3$，且室内 PM_{10} 年均浓度低于 $50\mu g/m^3$。

2. 创造良好声环境

建筑主体与道路之间设有城市绿化隔离带，可有效减少交通噪声的传播；建筑外墙、外窗采用有效降噪措施，提高了围护结构综合隔声量；水、暖、电、气管线穿过楼板和墙体时，孔洞周边均采取防火密封隔声处理；主体结构采用架空地板构造设计；这些先进的技术措施，营造了良好的声环境，提升了人体的舒适度。室内消声降噪处理设置（隔声与吸声）如图 2-6 所示。

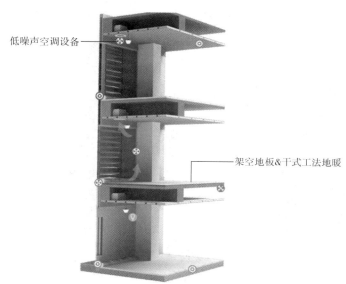

低噪声空调设备

架空地板&干式工法地暖

图 2-6 建筑室内隔声与吸声

3. 创造良好光环境

项目主要功能房间采用了减少或避免阳光直射的措施，比如，幕墙设置中空百叶，自动调节遮阳，室内设置窗帘等，在一定程度上控制了不舒适的眩光；而且可调节遮阳设施的面积占外窗透明部分的比例为 55.59%~62.79%，采用的智能遮阳控制系统有效地改善了室内眩光。

4. 引导良好室内热湿环境

项目主要功能房间达到现行国家标准《民用建筑室内热湿环境评价标准》（GB/T 50785）规定的室内人工冷热源热湿环境整体评价 Ⅱ 级的面积比例（最小为 80.12%），极大地提高了室内环境舒适度。项目提倡在满足环境舒适度的前提下尽可能降低资源消耗和减少环境污染，追求以人为本的"低能耗舒适"的建筑理念。

2.3.3 生活便利，提升建筑功能和服务水平

项目以信息技术为支撑，提升建筑功能和服务水平，为使用者的工作、生活提供便利，

从出行便利、无障碍设施、智慧运行和物业管理 4 个方面来实现绿色建筑"生活便利"的性能要求。

1. 出行便利

连接立体化、全通型、零换乘综合交通系统，场地出入口步行至海翔公寓公交站的距离为 192m，有 5 条公交线路，东侧地块为规划公交始末站，距离在建 10 号线玛钢厂地铁站距离为 352m。同时，项目西侧贴临城市绿地，距离西南侧同心圆公园 292m，距离海翔公寓道路停车场 100m，场地不封闭或场地内步行公共通道向社会开放，如图 2-7 所示。

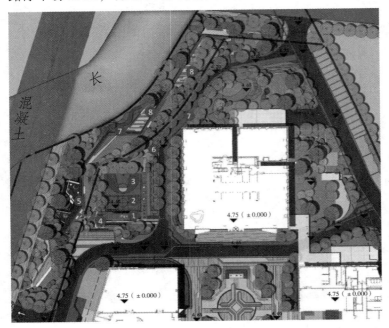

1. 热身区
2. 羽毛球场
3. 半场篮球场
4. 挡土墙
5. 儿童攀爬乐园
6. 吸烟区
7. 慢跑步道
8. 河畔休闲场地

图 2-7　建筑功能与服务

该项目地块为 B2 商业服务设施用地，在地上 58257.42m² 总建筑面积中，办公建筑面积 40737.42m²、商业建筑面积 17520m²。办公按 1.2 辆/100m² 配置，商业按 0.8 辆/100m² 配置，实设机动车位 646 辆，非机动车位 300 辆，更加便利人员出行。车位设置见表 2-4。

表 2-4　车位设置表

类别	单位	面积	配建指标							
			装卸车位		出租车位		普通机动车		非机动车	
							计算系数	车位数	计算系数	车位数
办公	m²	40737.42	10000	4	10000	4	1.2/100	489	0.3/100	123
商业	m²	17520.00	5000	4	5000	4	0.8/100	141	1.0/100	176
辆			8		8		630		299	

2. 完善无障碍设施

项目建筑底层主要出入口均设无障碍出入口，首层设置无障碍卫生间，出入口处设有轮椅坡道；公共设施，如服务窗口、饮水器选用有低位服务的设施；主要和次要入口处从马路人行道上引入盲道，基地道路上设盲道，起、终点和转折处均设提示标识等；同时，室内走道为无障碍通道，无障碍入口可通过无障碍通道直达无障碍电梯厅，各单体设有无障碍楼梯及无障碍电梯，每层设有无障碍卫生间。

3. 智慧运行

项目设置了空气质量监控系统和水量远传计量及水质监测系统。主要功能房间设置了对 PM_{10}、$PM_{2.5}$、CO_2 进行定时连续测量、显示、记录和数据传输的空气质量监控系统；同时，设置分类、分级记录、统计分析的各种用水情况监控，设置水质在线监测系统，监测生活饮用水、非传统水源、空调冷却水的水质指标。

4. 优化物业管理

项目采用智能照明控制、视频安防报警及建筑设备控制等三项智能化控制策略，具有远程监控的功能。建立了基于 BIM 的建筑运营维护管理系统平台，提高建筑智能化、精细化管理水平，更好地满足使用者对便利性的需求，为提升居住生活品质提供支撑。

2.3.4　资源节约，降低建筑全寿命期的资源环境负荷

注重集成创新、资源节约，项目控制了使用标准，主动降低建筑用能，实现社会可持续发展。项目从节能优化设计、绿色建材应用、高效能设备与系统利用、高效节水器具与节水灌溉、可再生能源利用等 5 个方面最大限度地利用资源、节约能源。

1. 节能优化设计

在现行国家标准《公共建筑节能设计标准》的基础上，进一步提高围护结构热工性能，围护结构热工性能提高达到 20%，如图 2-8 所示。建筑总能耗 1.76MJ/a，建筑单位面积能耗 31.11kWh/（m^2·a），建筑能耗降低幅度达 10.06%。

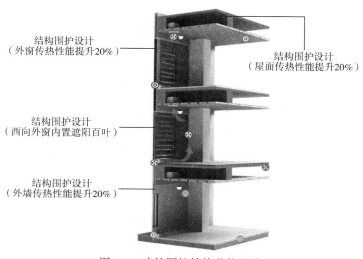

图 2-8　建筑围护结构节能设计

2. 绿色建材应用

项目建筑所有区域实施土建工程与装修工程一体化设计及施工，同时采用了预制加气混凝土条板、装配式叠合板、装配式楼梯的装配式结构。采用获得绿色建材认证的建筑材料，如预拌混凝土、预拌砂浆、防水材料、保温材料和卫生洁具等建筑材料共 10 项，选用绿色装饰装修材料数量 5 大类，绿色建材应用比例达到 70%，见表 2-5。

表 2-5　绿色建材应用比例核算

评估指标		计量单位	应用比例要求	设定分值	实际应用比例	实际核算分值
一级指标	二级指标					
主体结构 S_1	预拌混凝土	m^3	$80\% \leqslant P_{S1a} \leqslant 100\%$	10~20	100%	20
	预拌砂浆	m^3	$50\% \leqslant P_{S1b} \leqslant 100\%$	5~10	100%	20
围护墙和内隔墙 S_2	非承重围护墙	m^3	$P_{S2a} \geqslant 80\%$	10		0
	内隔墙	m^3	$P_{S2b} \geqslant 80\%$	5		0
装修 S_3	外墙装饰面层涂料、面砖、非玻璃幕墙板等	m^2	$P_{S3a} \geqslant 80\%$	5	100%	5
	内墙装饰面层涂料、面砖、壁纸等	m^2	$P_{S3b} \geqslant 80\%$	5	100%	5
	室内顶棚装饰面层涂料、吊顶等	m^2	$P_{S3c} \geqslant 80\%$	5	100%	5
	室内地面装饰面层木地板、面砖等	m^2	$P_{S3d} \geqslant 80\%$	5	100%	5
	门窗、玻璃	m^2	$P_{S3e} \geqslant 80\%$	5		0
其他 S_4	保温材料	m^2	$80\% \leqslant P_{S4a} \leqslant 100\%$	5~10	100%	5
	卫生洁具	具	$P_{S4b} \geqslant 80\%$	5	100%	5
	防水材料	m^2	$P_{S4c} \geqslant 80\%$	5	100%	5
	密封材料	kg	$P_{S4d} \geqslant 80\%$	5	100%	5
	其他		$P_{S4e} \geqslant 80\%$	5		0
绿色建材应用比例	$P = [(S_1 + S_2 + S_3 + S_4)/100] \times 100\%$			100	70%	

3. 高效能设备与系统利用

项目采用市政热网+蒸气压缩循环冷水（热泵）的复合式冷热源系统，末端全面采用温湿度独立控制方式，包括干式地板辐射采暖、全空气空调、新风加风机盘管以及分体空调（1 级能效等级）系统与设计等，制定了部分负荷下的运行策略，供暖空调负荷降低比例达 14.91%。

项目所用灯具为一类灯具，采用了智能照明控制系统、大规模分布式 LED 智能控制系统技术、集成绿色照明技术。此外，设备的运行采用信息数据和分区控制手段，使用分布式网络结构控制系统，由上位计算机、现场控制器 DDC 和现场监测设备运行，并开放接口在集成与智能化服务平台之上，实现数据通信，如图 2-9 所示。降低了建筑采暖、空调、照明以及电梯等设备对常规能源的消耗，取得了显著的节能减排效果。

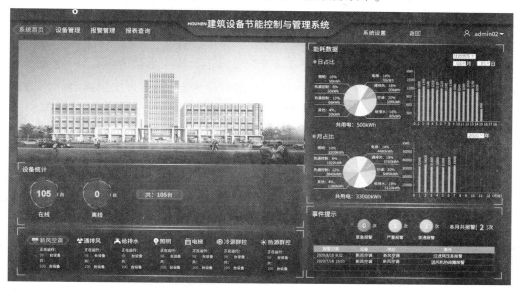

图 2-9　建筑设备节能控制与管理系统

4. 高效节水器具与节水灌溉

项目全部卫生器具的用水效率等级达到 1 级。设置了雨水调蓄利用设施，收集处理的雨水供道路清洗、绿化灌溉使用。项目绿化灌溉采用自动喷灌系统，实现自动定时定量灌溉，避免水资源的浪费。

同时，水资源的使用涉及范围广泛，不只在节水设备的使用和更加有效的灌溉上需要考虑水资源节约，在日常生活与消防设施的使用时同样需要考虑。室内节水用水量计算见表 2-6。

表 2-6　室内节水用水量计算表

序号	用水项目	用水量标准		用水单位	年使用量/d	总用水/m³	给水水量/m³	中水水量/m³	非传统水源所占比例
1	商业	4	L/(m²·d)	17600	365	25696.00	10278.40	15417.60	60%
2	食堂	15	L/(人·天)	1068	250	4005.00	3804.75	200.25	5%
3	办公	25	L/(人·天)	2540	250	15875.00	6350.00	9525.00	60%
4	会议	25	L/(m²·d)	83	365	757.38	302.95	454.43	60%
5	车库冲洗	2	L/(m²·d)	27500	30	1650.00	0.00	1650.00	100.0%
6	绿地浇洒	0.28	m³/(m²·a)	2240.7		627.40	0.00	627.40	100.0%
7	道路冲洗	0.5	L/(m²·次)	7842.31	30	117.63	0.00	117.63	100.0%
8	合计					48728.41	20736.10	27992.31	
9	未预见水量	0.1				4872.84	2073.61	2799.23	
10	总计					53601.25	22809.71	30791.54	57.4%

工程生活泵房位于地下车库，采用变频设备加压供水；消防泵房设于地下二层，消防水池有效容积530m³，储存室内消防用水及冷却塔补水；高位消防水箱位于4#楼，有效容积36m³，消火栓、喷淋系统合用，消火栓、喷淋系统增压稳压设备设于消防泵房。消防用水量计算：

1）最大室外消防用水量为40L/s，地下车库室外消火栓用水量为20L/s；本工程最大室内消火栓用水量为40L/s；地下车库室内消火栓用水量为10L/s；火灾延续时间均按2h计。室外消火栓用水量由地下消防泵房室外消防泵及消防水池联合供给。消火栓系统、自动喷水灭火系统见表2-7。

2）室内自动喷水灭火系统用水量为60L/s，火灾延续时间为1h。

3）消防水池容积为530m³，消防高位水箱容积为36m³。

表2-7　消火栓系统、自动喷水灭火系统表

系统类别	设置部位	1#商业 ($S<5000$) ($V<2.65$)	2#、3#办公+商业 ($S>5000$) ($V<3.8$)	4#办公 ($V≈13.4$)	5#、6#办公 ($V≈1.65$)	7#商业 ($S<5000$) ($V≈1.65$)	8#商业 ($S<5000$) ($V≈2.4$)	车库
室外消火栓系统	设计水量/(L/s)	30	30	40	25	25	30	20
	火灾延续时间/h	3	3	2	2	3	3	2
室外小计/m²		324	324	288	180	180	324	144
室内消火栓系统	设计水量/(L/s)	20	20	40	20	20	20	10
	火灾延续时间/h	3	3	2	2	3	3	2
自动喷水灭火系统	危险等级	中危险Ⅰ	中危险Ⅱ	中危险Ⅰ	中危险Ⅰ	中危险Ⅰ	中危险Ⅱ	中危险Ⅰ
	设计水量/(L/s)	45	45	60	45	45	45	35
	火灾延续时间/h	1	1	1	1	1	1	1
室内小计/m²		378	378	504	306	378	378	198

5. 加强可再生能源利用

充分利用可再生能源，减低化石能源的消耗。项目1~3#和5~8#楼屋顶设置太阳能光伏发电系统，采用"分区发电、集中并网"发电方案，消纳方式为全部自发自用。设计安装容量为 160.2kW，光伏发电提供的电量比例为 3.25%，回收期约为 5.65 年。此外，项目通过分层智能调控，采用充电网技术，让新能源车充新能源电，实现了与汽车用户的柔性高效互动。

2.3.5　环境宜居，创造自然与人工相结合的美好环境

智韵大厦项目充分考虑了当地的自然环境，尽可能地顺应、利用和尊重富有特色的自然因素，项目在场地生态景观设计和建立小型区域生态系统两个方面创造了自然与人工相结合的美好环境，以满足绿色建筑环境宜居的要求。

1. 场地生态与景观设计

结合实际情况，项目采用本地植物、复层绿化和屋顶绿化等绿化方式，项目绿地面积 $4001.12m^2$，绿地率为 17.86%，达到规划绿地率规划指标的 105%，有效地保护了场地生态，创造了优美的景观环境。

2. 建立小型区域生态系统

积极倡导因地制宜、体量适度、少人工、多天然的根植于地域文化的本土绿色建筑。选用海绵城市相关手法，构建多层次的生态系统，将建筑、景观、土壤等部分有机相连，并通过"渗、滞、蓄、净、用、排"等多种技术途径，实现用地内部的良性水文循环，以期形成小型区域生态系统。设置绿化带、建设立体化绿植体系，降低交通噪声；以模拟玻璃幕墙光反射计算、增加屋面绿化面积等措施，减少玻璃幕墙、路面、屋面的可见光反射比，减少了光污染。场地雨水汇水总面积 $22406.70m^2$，目标控制降雨量（日值）对应项目雨水目标控制外排量 $286.45m^3$，雨水目标年径流总量控制率为 75%。

2.3.6　提高与创新，搭建智慧化体系结构

1. BIM 全过程应用

将 BIM 应用贯穿规划设计施工建造和运行维护全过程中。在规划设计阶段，应用 BIM 可视化的协同设计，实现了屋面及幕墙的参数化设计、管道综合碰撞检查、基于 BIM 辅助设计出图和图纸技术交底。在施工建造阶段利用 BIIM 技术，对重点施工工序进行模拟交底，保证现场施工质量和进度。

项目前期明确各单体及地库项目净高要求、土建机电条件，进行管综初排，形成初步管综方案；各专业根据图纸分专业建模，建模的同时对施工图进行校对，对有问题部分进行汇总，形成施工图问题报告清单，后期进行反馈。

各单体根据不同功能区域净高要求及后期改造需求，进行管综优化调整，同时形成优化问题报告；优化完成后整理净高分析平面，净高不满足的地方进行风险预警；针对现有优化成果，对施工图进行初次反馈，施工图问题报告及优化问题报告和净高分析，施工图各专业

结合 BIM 模型根据问题形成解决方案；BIM 根据解决方案修改调整模型，完成项目整体优化，形成优化报告后与施工图进行二次汇报，排查整个模型；BIM 优化完成后，BIM 输出二维图样及三维模型成果，成果反提施工图，施工图根据 BIM 优化路径再调整施工图。

BIM 运用在深化设计等方面效果显著，在深化设计过程中，发现了大量的碰撞等设计问题，极大地提升了深化设计的效率和质量，节约了后期施工过程材料和建造成本，节省了工期。BIM 技术应用提高了项目设计质量，在与社会各阶层、业主方等相关单位相对接时，非常形象直观，通过三维一体、透视化、多角度化、精细化、节点化对施工过程进行全方位的展示，给整个项目带来了较大的经济效益。

通过 BIM 技术对吊架进行支吊架验算并完成整体施工组织设计，优化了施工工序。在运行维护阶段，通过 BIM 三维扫描质量管理平台可随时调取各单位视频监控，查看相关危险源并对各单位进行安全考评，通过 BIM 可视化平台，辅助完成空间模拟分析，如图 2-10 所示。

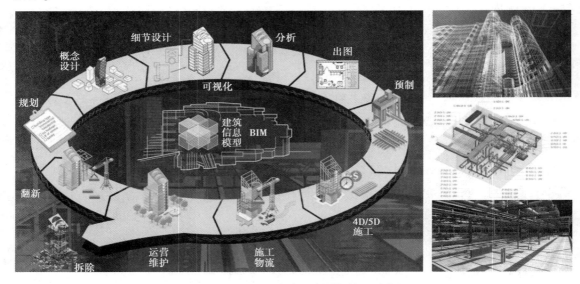

图 2-10　BIM 系统全生命周期管理平台

2. 实现智慧办公与智慧城市（图 2-11）

（1）搭建完整智慧化体系架构　完整的智慧化架构包括感、传、存、析、用五个方面，分为底层智慧共享体系和上层智慧应用体系两层。统一的建设标准、兼容的通信协议、完整的网络建设都是完整智慧化体系不可或缺的一部分。

项目实现了智慧办公与智慧城市应用，体系中智慧物业管理、智慧远程控制、智慧城市接入功能的高效发挥，运用高科技现代化手法，实现物理空间与多种智能软件的无缝连接，合理有效地规划办公资源，节省了办公成本，提升了办公体验。

（2）全生命周期碳排放计算　按照全生命周期的方法计算建筑碳排放，从建材生产、建材运输、建造施工、建筑运营、建筑修缮、建筑拆除和废弃物回收等七个阶段计算建筑全生命周期碳排放量。经计算，项目建筑固有的碳排放量（建材生产及运输）为：57693.61t，建筑标准运行工况下的资源消耗碳排放量为 895.52t，碳减排量为 15.86kgCO$_2$/（m^2·a），相比参照建筑降碳比例为 45.1%，相对参照建筑碳排放强度降低值 13.03kgCO$_2$/（m^2·a）。经过建筑碳排放计算分析，采取了提升围护结构热工性能、选用高效节能设备等措施，降低了单位建筑面积碳排放强度。

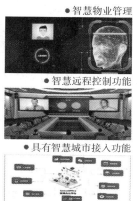

图 2-11　智慧办公与智慧城市

2.4　三星绿色建筑技术达标情况分析

2.4.1　项目整体达标情况分析

绿色建筑是实现"以人为本"、"人—建筑—自然"三者和谐统一的必要途径，不仅要考虑到当地气候、建筑形态、使用方式、设施状况、营建过程、建筑材料、使用管理对外部环境的影响，以及舒适、健康的内部环境，同时还应考虑投资人、用户、设计、安装、运行、维修人员的利害关系，平衡及协调内外环境及用户之间不同的需求与不同的能源依赖程度，从而达成建筑与环境的自然融和。

当对绿色建筑进行星级评价时，首先应该满足本标准规定的全部控制项要求，同时规定了每类评价指标的最低得分要求，以实现绿色建筑的性能均衡。绿色建筑总得分达到 85 分且满足相应条款要求时，绿色建筑为三星级。

智韵大厦项目按照国家绿色建筑三星级的目标进行设计，在安全耐久、健康舒适、生活便利、资源节约、环境宜居等方面综合采用多项绿色建筑技术。经过设计阶段、施工、竣工及使用等，在能耗、节水、隔声、室内空气质量、外窗气密性能等方面提出了更高的技术要求，绿色建筑自评得分以及总得分见表 2-8。

表2-8 智韵大厦绿色建筑总得分

	控制项基础分值 Q_0	安全耐久 Q_1	健康舒适 Q_2	生活便利 Q_3	资源节约 Q_4	环境宜居 Q_5	加分项 Q_A
预评价分值	400	100	100	70	200	100	100
评价分值	400	100	100	100	200	100	100
自评得分	400	79	75	63	145	79	17
总得分 Q	85.7						
自评星级	三星级						

智韵大厦项目绿色建筑三星级设计包括围护结构热工性能提升、安全耐久及绿色材料使用、高效节水器具及节能设施设备、智能照明技术、建筑设备监控系统、光伏发电系统等，并在规划设计、建筑节能、室内空气品质、高性能建筑结构、装配式及施工化等多方面取得了标志性建设成果。项目建筑围护结构热工性能提升20%，供暖空调负荷降低14.91%，室内装修为全装修；建筑能耗降低10.06%，室内空气污染物浓度降低20%；充分利用光伏发电系统提升可再生能源利用率；节水器具用水效率等级为2级；结合场地景观设计，将海绵城市设计理念充分融合，绿色建材应用占70%，场地径流控制率达到75%等。项目1~8#楼的8栋绿色建筑评分项与加分项的加权总得分为85.7分。可以说，项目引领了建筑行业绿色低碳发展，适合在各地区办公商业建筑中推广，其达标情况主要体现在以下几个方面。

（1）加强了对全装修的推广 项目三星绿色建筑技术推进全装修与预制化建设，由于在建设过程中的材料会因为切制的关系有所损耗，多样化同样隐藏着难以工业化批量加工的缺点。因此项目对整体卫浴、整体厨房等工业化内部装修进行推广，在多样的模块下可以进行室内的自由组合，减少了材料在制作过程中的损耗，避免了技术的难题，站在实际运用的角度完成绿色建筑设计。

（2）强化了对智能化设施的推广 项目加强了对绿色建筑中智能检测系统和智能服务系统的使用，创新智慧友好运行，积极推广智慧设施和管理的应用。

（3）重视对建筑工业化的实际推进 项目局部采用装配式建筑技术建造设计。除了强调要求全装修设计外，积极采用如整体卫浴、整体厨房、装配式吊顶、管线集成等工业化内装部品，采用了建筑功能和空间变化相适应的设备设施布置方式或控制方式，采用可移动可组合的家具、隔断等。装配式建筑是目前国家推广的重点，不仅能有效减少施工阶段对环境的污染，促进工厂化、模块化生产，还能有效减少人工成本，缩短建设周期。项目装配式设计本着"统一、组合、模块化"的设计理念，灵活运用模块化去拼接与组合。

（4）加强了对绿色材料的推广 项目增加对绿色建材的使用比例，在钢结构方面虽然需要一定的额外工序来确保更好地使用，例如钢结构需考虑避免冷桥，但钢结构的主体材料为可再利用材料，作为主体结构进行使用可以有效地在拆除之后进行循环利用。

（5）对外窗设计、施工，用水器具的用水效率，污染物控制及隔声性能质量提出了更

高要求　项目外窗的气密性能完全符合国家现行标准。在外窗安装施工过程中，严格按照相关工法和验收标准要求进行，外窗四周的密封完整、连续，形成封闭的密封结构，全面保证外窗洞口与外窗本体的结合部位严密；外窗的现场气密性能检测与合格判定符合现行行业标准的规定。同时，项目对用水器具的用水效率、隔声性能、建筑室内主要的空气污染物浓度限值等提出了更高要求。

（6）注重对使用者的引导作用　项目制定统一的"标识"，涉及对管道和室内外空间使用时的警示和引导等。"标识"的出现有利于使用者遵守规定的行动，对可以进行的活动或不能进行的活动以及其对应的活动范围有清晰的认识，在行使自身权利的同时尊重他人的权利。

2.4.2　项目发展情况分析

"十四五"时期是我国实现 2030 年前碳达峰、2060 年前碳中和目标的关键时期，未来绿色建筑的发展也将迎来发展新阶段。因此，智韵大厦项目在未来亟须做好以下工作。

1. 持续提升绿色建筑使用者的获得感、幸福感和安全感

研究总结人民群众对建筑品质提升的需求，重点解决群众"急难愁盼"的主要问题，增加公共活动空间、便民设施等人民群众体验性较强的技术指标，提升绿色建筑使用者的获得感、幸福感和安全感。

同时，将复杂专业的评价结果转换为能够符合使用者和各类行业主体需求的信息资源，将监控信息中的日常运行消耗数据简化提炼，及时反馈给建筑用户，方便社会大众了解绿色建筑作用的效果，结合使用者意愿和投入费用，刺激用户通过自发行为提升节能、节水效率。

2. 不断创新绿色建筑管理机制

引导将绿色建筑评价标准中的性能要求因地制宜转换化为具体的实操手段和落实举措，提出低成本、易操作、本土化、可感知、可推广的技术路径，并融入常规的规划指标、设计标准、审图要点和验收规范等文件，实现绿色建筑与现行工程管理程序的充分融合。

3. 深入开展绿色建筑关键技术碳减排效果研究

加强绿色建筑各类技术综合应用的碳减排效果研究，明确各类关键技术，以及不同技术组合、不同星级绿色建筑的碳减排量计算方法。

4. 推动可再生能源应用

根据太阳能资源条件、建筑利用条件和用能需求，统筹太阳能光伏和太阳能光热系统的建筑应用。开展以智能光伏系统为储能、建筑电力需求响应等新技术为载体的区域级光伏分布式应用示范建设。推广应用地热能、空气热能、生物质能等解决建筑采暖、生活热水、炊事的实际需求。

5. 保障绿色建筑全面落实

绿色建筑项目中大力推行工程总承包全过程工程咨询和建筑师负责制，发挥设计的主导作用，开展项目绿色策划统筹，实现规划、建设、管理三大环节的联动，保障绿色建筑要求全面落实。

6. 打造"绿色品牌"

加强与超低能耗建筑、装配式建筑、绿色建材等工作的统筹，整合奖励推动政策，开展技术集成应用示范建设，加大推动力度，建立完整的产业生态链，打造高标识度的"绿色品牌"。

第3章　智韵大厦绿色规划设计探索与实践

3.1　围护结构节能设计

我国幅员辽阔，各地气候差异很大，为了使建筑物适应各地不同的气候条件，满足节能要求，因此应根据建筑物所处的建筑气候分区，确定建筑围护结构合理的热工性能参数，其性能参数计算符合下列规定。

1. 外墙、屋面的传热系数

包括结构性热桥在内的平均传热系数计算方式见式（3-1）：

$$K_{\mathrm{m}} = K + \frac{\sum \Psi_j l_j}{A} \tag{3-1}$$

式中　K_{m}——外墙、屋面的传热系数，W/（m²·K）；

　　　K——外墙、屋面平壁的传热系数，W/（m²·K）；

　　　Ψ_j——外墙、屋面上的第 j 个结构性热桥的线传热系数，W/（m·K）；

　　　l_j——第 j 个结构性热桥的计算长度，m；

　　　A——外墙、屋面的面积，m²。

2. 透光围护结构的传热系数

透光围护结构的传热系数计算见式（3-2）：

$$K = \frac{\sum K_{\mathrm{ge}} A_{\mathrm{g}} + \sum K_{\mathrm{pe}} A_{\mathrm{p}} + \sum K_{\mathrm{fc}} A_{\mathrm{f}} + \sum \Psi_{\mathrm{g}} l_{\mathrm{g}} + \sum \Psi_{\mathrm{p}} l_{\mathrm{p}}}{\sum A_{\mathrm{g}} + \sum A_{\mathrm{p}} + \sum A_{\mathrm{f}}} \tag{3-2}$$

式中　　　K——幕墙单元、门窗的传热系数，W/（m²·K）；

　A_{g}、A_{p}、A_{f}——透光面板、非透光面板及框的面积，m²；

K_{ge}、K_{pe}、K_{fc}——透光面板、非透光面板及框的传热系数，W/（m²·K）；

　l_{g}、l_{p}——透光面板边缘长度、非透光面板边缘长度，m；

　Ψ_{g}、Ψ_{p}——透光面板边缘、非透光面板边缘的线传热系数，W/（m²·K）。

3. 透光围护结构太阳得热系数（SHGC）

透光围护结构太阳得热系数 SHGC 的计算见式（3-3）：

$$SHGC = SHGC_c \cdot SC_s \tag{3-3}$$

$$SHGC_c = \frac{\sum g \cdot A_g + \sum \rho_s \cdot \dfrac{K}{\alpha_e} \cdot A_f}{\sum A_g + \sum A_p + \sum A_f} \tag{3-4}$$

式中　$SHGC_c$——门窗、幕墙自身的太阳得热系数，无量纲；

　　　SC_s——建筑遮阳系数，无建筑遮阳时取1，无量纲；

　　　g——门窗、幕墙中透光部分的太阳辐射总透射比，无量纲；

　　　ρ_s——门窗、幕墙中非透光部分的太阳辐射吸收系数，无量纲；

　　　K——门窗、幕墙中非透光部分的传热系数，$W/(m^2 \cdot K)$；

　　　α_e——外表面对流换热系数，$W/(m^2 \cdot K)$，夏季取16，冬季取20；

　　　A_g、A_f——门窗、幕墙中透光部分、非透光部分的面积，m^2。

　　建筑围护结构传热系数、太阳得热系数等可参阅《建筑节能与可再生能源利用通用规范》（GB 55015—2021）的规定。

　　智韵大厦项目共计1~8#楼，根据建筑高度及建筑功能，分成1~3#楼、4#楼、5~8#楼三类建筑，位于天津市，为寒冷气候区B区，围护结构整体概况见表3-1~表3-3。

表3-1　1~3#楼围护结构整体概况

工程名称	建筑种类		建筑朝向	窗墙比			
1~3#楼	办公、商业建筑		南	南	东	西	北
				0.36	0.36	0.43	0.27
建筑外表面面积/m²	建筑体积/m³	体型系数	建筑结构：框剪结构				
9864.03	64203.81	0.15					
围护结构部位			传热系数K/[W/(m²·K)]				
屋面			0.34				
外墙（包括非透明幕墙）			0.36				
底面接触室外空气的架空或外挑楼板			0.37				
非透光外门			2.00				
非供暖（或间歇供暖）和供暖房间之间的隔墙（透光/非透光）			0.90				
非供暖（或间歇供暖）地下室和供暖房间之间楼板			0.54				

（续）

外窗（包括透明幕墙）	传热系数 K/ [W/(m²·K)]	综合太阳得热系数 SHGC（东、南、西向）
南	1.90	0.33
东	1.90	0.33
西	1.71	0.33
北	1.90	0.33
屋顶透光部分	—	—
建筑局部围护结构	保温材料层热阻 R/ [(m²·K)/W]	
变形缝（两侧墙内侧保温时）	1.04	
周边地面	—	
与土壤接触的地下室外墙和顶板	0.85	

表 3-2　4#楼围护结构整体概况

工程名称	建筑种类		建筑朝向	窗墙比			
				南	东	西	北
4#楼	办公建筑		南	0.45	0.47	0.48	0.44
建筑外表面 面积/m²	建筑体 积/m³	体型系数	建筑结构：框剪结构				
17591.08	138788.99	0.13					
围护结构部位	传热系数 K/ [W/(m²·K)]						
屋面	0.34						
外墙（包括非透明幕墙）	0.38						
底面接触室外空气的架空或外挑楼板	0.37						
非透光外门	2.00						
非供暖（或间歇供暖）和供暖房间之间的 隔墙（透光/非透光）	0.90						
非供暖（或间歇供暖）地下室和供暖房间 之间楼板	0.54						
外窗（包括透明幕墙）	传热系数 K/ [W/(m²·K)]	综合太阳得热系数 SHGC（东、南、西向）					
南	1.70	0.32					
东	1.70	0.32					
西	1.70	0.32					
北	1.70	0.32					
屋顶透光部分	—	—					
建筑局部围护结构	保温材料层热阻 R/ [(m²·K)/W]						
变形缝（两侧墙内侧保温时）	—						
周边地面	—						
与土壤接触的地下室外墙和顶板	0.85						

表 3-3　5~8#楼围护结构整体概况

工程名称	建筑种类	建筑朝向	窗墙比			
5~8#楼	办公、商业建筑	南	南	东	西	北
			0.34	0.33	0.23	0.18

建筑外表面面积/m²	建筑体积/m³	体型系数	建筑结构：框剪结构			
11355.96	72148.10	0.16				

围护结构部位	传热系数 K/ [W/(m²·K)]
屋面	0.35
外墙（包括非透明幕墙）	0.36
底面接触室外空气的架空或外挑楼板	0.37
非透光外门	2.00
非供暖（或间歇供暖）和供暖房之间的隔墙（透光/非透光）	0.96
非供暖（或间歇供暖）地下室和供暖房之间楼板	0.54

外窗（包括透明幕墙）	传热系数 K/ [W/(m²·K)]	综合太阳得热系数 SHGC（东、南、西向）
南	1.90	0.33
东	1.90	0.33
西	1.90	0.33
北	2.00	0.32
屋顶透光部分	—	—

建筑局部围护结构	保温材料层热阻 R/ [(m²·K)/W]
变形缝（两侧墙内侧保温时）	1.04
周边地面	0.89
与土壤接触的地下室外墙和顶板	0.85

依据《标准》2019 版对于建筑围护结构的热工性能的评价，智韵大厦项目对建筑围护结构热工性能不断优化，自评得分 15 分，热工性能指标及性能提高比例见表 3-4。

表 3-4　建筑围护结构的热工性能指标

热工参数	单位	参评建筑			参照建筑	性能提高比例（%）
		类型Ⅰ 1~3#	类型Ⅱ 4#	类型Ⅲ 5~8#		
体型系数	—	0.15	0.13	0.16	0.3	46.67

（续）

热工参数		单位	参评建筑			参照建筑	性能提高比例（%）
			类型Ⅰ 1~3#	类型Ⅱ 4#	类型Ⅲ 5~8#		
窗墙比	东向	—	0.36	0.47	0.33	0.7	32.85
	南向	—	0.36	0.45	0.34	0.7	35.71
	西向	—	0.43	0.48	0.23	0.7	31.43
	北向	—	0.27	0.44	0.18	0.7	37.14
屋顶透明部分面积比例		—	0.02				
屋面传热系数 K		W/（m²·K）	0.34	0.34	0.35	0.45	22.22
外墙（包括非透明幕墙）传热系数 K		W/（m²·K）	0.6	0.38	0.36	0.5	24
底面接触室外空气的架空或外挑楼板传热系数 K		W/（m²·K）	0.37	0.37	0.37	0.5	26
外窗（包括透明幕墙）	W/（m²·K） 东向	W/（m²·K）					20
	南向	W/（m²·K）	1.9	1.7	1.9		20
	西向	W/（m²·K）	1.7	1.7	1.9		20
	北向	W/（m²·K）	1.9/1.7	1.7	2.0		20
	遮阳系数 SC 东向	—	0.33	0.32	0.33	0.43	23.2
	南向	—	0.33	0.32	0.33	0.43	23.2
	西向	—	0.33	0.32	0.33	0.43	23.2
	北向	—	0.33	0.32	0.33	0.43	23.2
屋顶透明部分	传热系数 K	W/（m²·K）	1.9				
	遮阳系数 SC	—	0.33				
地面	热阻 R	（m²·K）/W					
地下室外墙	热阻 R	（m²·K）/W	0.85	0.85	0.85		0.6

3.1.1　优化围护墙体

设计选择蓄热能力较好的外墙体系。围护结构墙体是建筑与外部环境直接接触的界面，直接受到热工环境的作用，通过优化围护墙体的热工性能，如蓄热能力、隔热能力，对其薄弱环节，如冷热桥构造的加强处理空间环境维持相对稳定的状态，可减少能耗。在天津日间与夜间存在较大温差的环境中，项目设计选用了二类蓄热能力较好的外墙，分别是：

外墙类型（由外至内）1：水泥砂浆（10.0mm）+岩棉板（120.0mm）+加气混凝土砌块（B06）普通砌筑（200.0mm）+水泥砂浆（10.0mm）；

外墙类型（由外至内）2：水泥砂浆（10.0mm）+岩棉板（120.0mm）+钢筋混凝土（400.0mm）+水泥砂浆（10.0mm）。

项目应用蓄热能力较好的外墙材料，提高了建筑物的热惯性，使室内温度变化幅度减小，提高了舒适度，并减少了采暖或空调设备的开停次数，从而提高设备的运行效率，达到节能效果。

利用双层幕墙形成围护墙体中空层，智韵大厦项目采用了竖明横隐的半隐框玻璃幕墙、汽车坡道采光顶幕墙、石材幕墙、铝板幕墙等多组幕墙系统设计，减少了外墙室内外热交换的影响。与传统窗户比较，这种窗户能减少约 20% ~ 25% 的能耗。它通过内外幕墙之间的空隙，形成一个通风间层，空气由外层幕墙下部进入，从上部排风口排出，从而有效调节室内温度。由于两层幕墙中间空气流通层的存在，幕墙空腔具有通风换气的功能，且兼具良好的热工与隔声性能，如图 3-1 所示。同时，限制开启的玻璃幕墙采用了实体幕墙区域开窗方式和通风柱格栅开窗方式来控制玻璃幕墙虚实比，实现了采光、通风、节能的综合平衡。通过建筑设计，选择合适的通风间宽度、风口位置设计与玻璃幕墙材料。

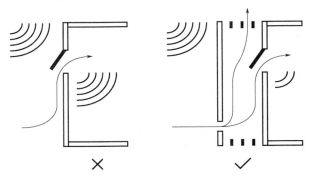

图 3-1　双层幕墙良好的热工与隔声性能

选用隔热、断热型材幕墙。采用建筑用隔热铝合金型材，弥补传统用螺钉贯穿室内外型材的门窗幕墙连接方式，易成为室内外的热交换载体，破坏室内热环境的缺陷。

对冷热桥薄弱位置处的保温构造加强了处理。外墙和屋面等围护结构中的钢筋混凝土或金属梁、柱、肋等部位容易形成冷热桥，在室内外存在温差时，这些部位传热能力强，导致室内热量的散失。所以加强了冷热桥处的保温构造，以防止在冷热桥处损失热能。

3.1.2　屋面构造设计

屋面是房屋最上层覆盖的外围护结构，可抵御自然界的风霜雨雪、太阳辐射、气温变化及其他外界的不利因素，以使屋顶覆盖下的空间有一个良好的使用环境。屋面界面设施可采用光伏板、屋顶绿化、浅色屋面铺装等形式。屋面在构造设计时注意解决防水、保温、隔热以及隔声、防火等问题，保证屋面的强度、刚度和整体空间的稳定性，并防止因过大的结构变形引起防水层开裂、漏水。

屋面的形式主要有平屋顶、坡屋顶；材料有钢筋混凝土屋面、瓦屋面、金属屋面、膜材屋面等；构造做法有普通屋面、倒置式屋面、架空屋面、种植屋面、蓄水屋面等。

对处于寒冷地区的天津，屋面绝大多数为外保温构造，这种构造受周边热桥影响较小，主要以轻质高效、吸水率低或不吸水的保温材料作为保温隔热层。

部分屋面设置屋面光伏板等太阳能收集系统。天津有较好的日照条件，1~3#，5~8#楼屋面设置屋面光伏板等太阳能源收集系统来将其转化为建筑所需的电能。光伏板按一定角度倾斜放置，以确保光伏板获得的年总辐射量达到最大。屋面根据光伏板安装形式一般可分为水平屋顶、倾斜屋顶与光伏采光屋顶三种形式。

部分屋面设置屋顶花园绿化，有效地帮助保温隔热降噪。智韵大厦项目屋顶可绿化面积为 8717.07m^2；屋顶绿化面积为 88.65m^2；屋顶绿化面积占屋顶可绿化面积比例为 1.02%。由于种植植被所需要的覆土，加上植物的蒸腾作用，利用建筑屋顶设置花园或绿化能对屋面起到较好的保温隔热效果，也对屋面起了一定程度的保护作用。同时由于植物对声波具有吸收作用，绿化后的屋顶相比常规屋顶，可降低室外噪声，为人们提供丰富的室外空间体验场所。设置屋顶花园或绿化时，项目设计中注意了屋面的荷载预留、排水等相关措施。

屋面铺装尽可能减少了平滑深色材料，多使用多孔表面。深色材料相比浅色材料具有更强的太阳辐射热吸收能力，而平滑材料相比多孔表面材料具有更强的导热能力。屋面铺装直接受太阳能辐射影响，如减少平滑深色材料，多使用多孔表面及浅色材料，可有效减少室内温度的波动。

架空型保温屋面利用空气间层减少热传递作用。因项目位置通风较好，设计中考虑了设置架空型保温屋面。架空型保温屋面利用风压和热压的作用将屋面吸收的太阳辐射热带走，大大提高了屋盖的隔热能力，并减少了室外热作用对室内的影响。

设置屋面雨水收集系统。同上，设计中考虑建筑屋面设置雨水收集利用系统。具有良好的节水效能，可解决暴雨来临时产生的内涝。对雨水进行储存，可用于绿地灌溉、冲厕、路面清洗等。屋面雨水管应根据屋顶排水面积确定其管径及数量，为防止雨水管堵塞，在屋顶的雨水口处应设置过滤设施，方便清理杂物；屋面雨水通过雨水管汇集到雨水总管内，再依次进入雨水过滤池蓄水池。

3.1.3　优化门窗系统

外门窗（包括阳台的透明部分）是建筑外围护结构的开口部位，是阻隔外界气候侵扰的基本屏障。从围护结构的保温节能来看，外窗是薄壁轻质构件，是建筑保温、隔热隔声的薄弱环节。门窗的设置除了应充分考虑最优的采光通风采暖等需求外，还应考虑其水密性、气密性、抗风压、力学强度、隔热、隔声、防盗、遮阳、耐候性、操作便利性等一系列重要的功能。

外门窗不仅有与其他围护结构所共有的温差传热问题，还有通过外窗缝隙的空气渗透传热带来的热能消耗。对于夏季气候炎热地区，外窗还有通过玻璃的太阳能辐射引起室内过热，增加空调制冷负荷的问题。但是，对于严寒及寒冷地区南向外窗，通过玻璃的太阳能辐射却对降低建筑采暖能耗是有利的。因此，在不同地域、气候条件下，不同的建筑功能对外门窗的要求是有差别的。

1. 控制建筑各朝向的窗墙面积比

窗墙面积比是影响建筑能耗的重要因素，窗墙面积比的确定要综合考虑多方面的因素，窗墙比反映窗户洞口面积与同朝向建筑立面面积的比值，不同朝向的墙体受太阳热辐射不同，对室内温度变化亦起到不同的效果，而门窗又是围护结构中的薄弱构造，因此不同朝向的窗墙比对建筑能耗有直接影响。

外窗的设计原则是在满足功能要求的基础上尽量减少窗户的面积，且各朝向的窗墙面积比不宜超过节能设计标准规定的限值要求。但从建筑师到使用者都希望公共建筑更加通透明亮，建筑立面更加美观，建筑形态更为丰富。所以，公共建筑窗墙比一般比居住建筑要大些，需要依据不同气候区作进一步细化。此外，不同朝向的窗墙比会形成不同的室内气流场和通风效果，对室内热量散失及人体的舒适感有直接关系，因此开窗应留意顺应夏季主导风向，避开冬季主导风。

2. 采用隔热效果较好的 Low-E 双中空玻璃结构

为了实现更好的节能效果，根据外围护结构热工性能，合理确定门窗传热系数，在造价可控的情况下采用高性能窗户。项目采用隔热效果较好的 Low-E 双中空玻璃结构，相比传统玻璃，该玻璃热辐射率低，可有效减少室内外热交换损耗，达到节能效果。

Low-E 双中空玻璃的构造是将三片平板玻璃四周加以密封，以有效地支撑均匀隔开，周边粘结密封，使玻璃层间形成干燥的气体空间；双中空玻璃由于夹层空气极其稀薄，热传导和声音传导的能力将变得很弱，因而这种玻璃具有比其他玻璃更好的隔热保温和防结露、隔声等性能，项目中 Low-E 双中空玻璃的传热系数可降至 $1.7W/(m^2 \cdot K)$，其保温性能是一般中空玻璃的 2 倍、单片玻璃的 4 倍。双中空玻璃的结构及传热简图如图 3-2 所示。

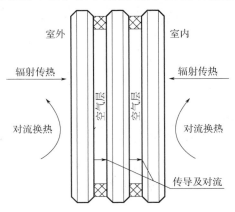

图 3-2　双中空玻璃的结构及传热简图

中空玻璃内部填充的气体除空气之外，还有氩气、氙气、氪气等惰性气体。气体的导热系数很低，常温下，一般空气导热系数为 $0.024W/(m \cdot K)$，而氩气导热系数为 $0.016W/(m \cdot K)$。此外，增加空气间层的厚度也可以增加中空玻璃热阻，但当空气层厚度大于 12mm 后，其热阻增加已经很小，因此空气层厚度一般小于 12mm。项目中双中空玻璃的基本配置见表 3-5。

表 3-5　双中空玻璃基本配置

玻璃	玻璃配置
双中空钢化玻璃	6Low−E+12Ar+6+12Ar+6
	6Low−E+12Ar+6+12Ar+6（背衬 2mm 浅灰色铝单板）
	8Low−E+9Ar+8+9Ar+8
	6Low−E+19Ar（中置遮阳百叶）+6+9Ar+6
	8Low−E+19Ar（中置遮阳百叶）+8+9Ar+8

3. 提高门窗框型材的热阻值

门窗框是固定窗玻璃的支撑结构，它需要有足够的强度及刚度。同时，提高门窗框型材的热阻值，有助于减少热损耗，以避免门窗框成为整个窗户的热桥。提高门窗热阻值主要有两种方式，一是选用导热系数小的框材，如铝、塑或复合型框材；二是优化型腔断面的结构设计，利用框料内的空气腔室或利用空气层截断金属框架的热桥，在造价能接受的范围内，优先选用多腔型材。

铝合金窗及断桥铝合金窗框重量轻，强度、刚度较高，抗风压性能佳，较易形成复杂断面，耐燃烧、耐潮湿性能良好，装饰性强。但铝合金窗保温隔热性能差，无断热措施的铝合金窗框的传热系数约为 4.54W/（m²·K），远高于其他非金属窗框。为了提高该金属窗框的隔热保温性能，现已开发出多种热桥阻断技术。

智韵大厦项目采用了铝合金断桥窗门、铝合金百叶窗等系统设计，与门窗相关的金属材料、铝合金型材、五金件、紧固件、密封材料等均应符合有关材料的国家或行业标准的规定。钢附框采用壁厚不小于 1.5mm 的碳素结构钢或低合金结构钢制成。附框的内、外表面均应进行防锈处理。

项目中的双中空玻璃结构由"外皮""空腔"和"内皮"构成，玻璃材料选择多功能 Low-E 玻璃。为了给设置遮阳设施（如活动式百叶、固定式百叶）提供有效空间，双中空玻璃结构在外层与内层之间单元式空腔中设置遮阳百叶，可通过调整间层内的遮阳设施，获得良好的遮阳与隔声效果。根据通风层结构，夏季玻璃间的空腔内气温升高，热空气通过每层顶部开口带走热量，并吸入新鲜空气，冬季开口关闭利用空气隔热。

4. 完善外门窗的气密性构造

影响门窗气密性的因素主要有"存在压力差、存在缝隙、存在温差"3 个原因。完善的密封措施是保证窗的气密性、水密性以及隔声性能和隔热性能达到一定水平的关键。国家标准《建筑幕墙、门窗通用技术条件》（GB/T 31433—2015）中将窗的气密性能分为 8 级，具体数值见表 3-6。其中 8 级最佳，规定要求"外窗气密性不低于 6 级，外门气密性不低于 4 级。幕墙及采光顶气密性不低于 3 级。外门窗水密性达到 3 级水平（ΔP≥250Pa）；低层、多层建筑抗风压性能≥2500Pa，中高层、高层建筑抗风压性能应≥3000Pa。"而且，门窗气密性能以单位缝长空气渗透量或单位面积空气渗透量为分级指标，门窗气密性能分级符合规定。因此，外窗的大小、形式、材料及构造要兼顾各方的技术要求，以取得整体的最佳节能效果，加强外窗气密性的措施有以下几个方面。

第一，通过提高窗用型材的规格尺寸、准确度、尺寸稳定性和组装的精确度以增加开启缝隙部位的搭接量，减少开启缝的宽度，以达到减少空气渗透的目的。

第二，采用气密条，提高外窗气密水平。各种气密条由于所用材料、断面形状、装置部位等情况不同，密封效果也略有差异。

第三，应注意各种密封材料和密封方法的互相配合。近年来的许多研究表明，在封闭效果上，密封料一般优于密封件，这与密封料和玻璃、窗框等材料之间处于粘合状态有关。但是，玻璃等在干湿温变作用下所发生的变形，会影响这种静力状态的保持，从而导致密封失效。密封件虽对变形的适应能力较强，且使用方便，但其密封作用也并不完全可靠。

这里值得注意的是，外门占围护结构比例较小，且承担着重要的安全防盗功能，达到与外窗同样的保温性能技术难度较高，因此对寒冷地区的天津建筑外门的热工性能提出要求。外门透光部分多为玻璃窗，要符合外窗的相应要求。非透光部分多为金属框架填充保温隔热材料，由于金属框架的严重热桥和保温隔热材料厚度受到门体限制，故非透明部分传热系数值不宜要求太严格。

表 3-6 门窗气密性能分级

分级	1	2	3	4	5	6	7	8
单位缝长分级指标值 q_1/ $[m^3/(m \cdot h)]$	$4.0 \geq q_1 > 3.5$	$3.5 \geq q_1 > 3.0$	$3.0 \geq q_1 > 2.5$	$2.5 \geq q_1 > 2.0$	$2.0 \geq q_1 > 1.5$	$1.5 \geq q_1 > 1.0$	$1.0 \geq q_1 > 0.5$	$q_1 \leq 0.5$
单位面积分级指标值 q_2/ $[m^3/(m^2 \cdot h)]$	$12.0 \geq q_2 > 10.5$	$10.5 \geq q_2 > 9.0$	$9.0 \geq q_2 > 7.5$	$7.5 \geq q_2 > 6.0$	$6.0 \geq q_2 > 4.5$	$4.5 \geq q_2 > 3.0$	$3.0 \geq q_2 > 1.5$	$q_2 \leq 1.5$

5. 合理选择窗户开启方式，优先平开

窗户开启方式因密封性、通风效果、保温性能不同，对建筑能耗会产生不同的影响。开窗方式包括平开、上悬、下悬、推拉等。平开窗具有通风密闭性好、隔声、保温、抗渗性能优良的优势。

设计中一般办公房间尽可能通过开窗实现自然排烟，以减少机械排烟设备、设施。机械排烟相比自然排烟，需要的能耗、成本投入以及维护成本均较高，因此常规房间有条件时，尽可能通过开窗实现自然排烟。此外，自然排烟只是房间对外开窗可实现的功能之一，房间对外开窗对采光、通风、采暖等也有帮助，从而更有利于房间舒适性的实现。

在不需要开启窗户的地方使用固定窗，以减少不必要的能量损失。门窗开启扇对密闭性

有着严格的性能参数要求，设置过多的可开启窗扇无疑增加了缝隙处内外空气渗透的概率，因此绿色建筑在最大化自然通风的同时，应减少不必要的开启窗扇，以获得气密性更好的使用房间，减少能耗损失。

6. 加强门窗的智能控制

室外环境与室内需求并非一成不变，选用有自动通风装置、具备自动调节采光能力的智能门窗，有助于房间内获取最佳的采光通风条件和更好的居住体验，减少能耗。

3.1.4　地面保温隔热技术

地面按其是否直接接触土壤分为两类。一类是不直接接触土壤的地面，又称地板。这其中又可分为接触室外空气的地板和不采暖地下室上部的地板，以及底部架空的地板等。另一类是直接接触土壤的地面，当地面的温度高于地下土壤温度时，热流便由室内传入土壤中。居住建筑的室内地下、地面下部土壤温度的变化并不大，变化范围一般从冬季到春季仅有10℃，从夏末至秋天也只有20℃左右，且变化得十分缓慢。但是，在房屋与室外空气相邻的四周边缘部分的地下土壤温度的变化还是相当大的。冬季，受室外空气以及房屋周围低温土壤的影响，将有较多的热量由该部分被传递出去。

对于接触室外空气的地板，以及不采暖地下室上部的地板等，应采取保温措施，使地板的传热系数满足要求。地下室外墙外侧保温层要与地上部分保温层连续，并采用吸水率低的保温材料；保温层应延伸到地下冻土层以下，或完全包裹住地下结构部分；保温层内部和外部要分别设置一道防水层。

对于直接接触土壤的非周边地面，一般不需做保温处理。对于直接接触土壤的周边地面（即从外墙内侧算起2m范围内的地面）要采取保温措施，而且地面保温与外墙保温应连续、无热桥。

3.1.5　围护结构保温隔热技术

根据建筑围护结构合理的热工性能，对围护结构保温隔热系统进行设计计算。建筑围护结构保温隔热技术主要涉及优先选用高性能保温隔热材料，以及选择适宜的围护结构保温隔热新技术。

建筑保温材料种类繁多。根据热工原理分为多孔和反射材料；根据保温材料的形态可分为板块状和浆体状保温材料；根据保温材料的材质可分为有机和无机保温材料等；其中石墨聚苯板、模塑聚苯板以及挤塑聚苯板、硬泡聚氨酯板、岩棉、玻璃棉等是较为常用的保温材料。

同时，保温材料具有稳定的物理化学性质，其连接件也具有可靠的力学强度和耐久性，满足设计强度及防火要求。《建筑设计防火规范》（GB 50016—2014）（2018年版）明确外保温系统防火构造及组成材料的性能要求规定"建筑的内、外墙保温系统，宜采用燃烧性能为 A 级保温材料，不宜采用 B2 级保温材料，严禁使用 B3 级保温材料"。其中，A（A1、A2）级为不燃建筑材料及其制品，B1～B3 级分别为难燃、可燃、易燃建筑材料及其制品。

围护结构保温层主要采用导热系数小、吸湿（水）率低、防火性能好、抗压强度或压缩强度大的高效轻质保温材料。根据设计计算，保温层应具有一定厚度，能有效降低围护结构传热系数以满足节能标准对该地区墙体的保温要求。保温材料选用具有较低的吸湿率及较好的粘结性能，为了使所用的胶黏剂及其表面层的应力尽可能减少，一方面要用收缩率小的产品，另一方面，应控制其在尺度变动时产生的应力要小。智韵大厦项目各建筑单体采用外墙外保温，外墙、阳台门和外窗的内表面在室内温、湿度设计条件下不会产生结露现象，项目中采用的保温材料性能见表 3-7。

表 3-7　项目选用建筑保温材料及热工特性

材料名称	密度 ρ/（kg/m^3）	导热系数/［W/(m·K)］	传热系数 S/［W/(m^2·K)］	导热系数修正系数 α	
				α	使用部位
挤塑聚苯板（屋面保温）	22	0.032	0.32	1.10	屋面
岩棉板	140	0.040	0.75	1.25	屋面
岩棉板	140	0.040	0.75	1.20	外墙/热桥柱/热桥梁/热桥过梁/热桥楼板/架空楼板
矿物棉喷涂绝热层	110	0.042	1.15	1.15	楼板
建筑保温砂浆 I 型	240	0.070	1.20	1.25	内墙

3.1.6　建筑体型系数

建筑体型系数是指建筑物与室外大气接触的外表面积与其所包围的体积的比值，外表面积不包括地面和不采暖楼梯间内墙及户门的面积。

建筑物的体型系数越大，表示单位建筑体积对应的外表面积越大，建筑物与外界的能量交换越多，能耗越大；反之，则越小。合理地控制建筑体型，必须考虑地区气候条件，冬、夏季太阳辐射强度、风环境、围护结构构造等各方面因素。应权衡利弊，兼顾不同的建筑造型，尽量减少房间的围护结构外表面积，力求体型简单，避免因此造成的体型系数过大。控制建筑体型系数，可有效减少围护结构热（冷）损失，有效控制室内能耗水平，并有利于建筑施工和运行的总体经济节约。通常控制体型系数的大小可以合理控制建筑面宽，采用适宜的面宽与进深比例；增加建筑层数，减小屋面面积；合理控制建筑体型及立面凹凸变化等方法。

3.1.7　建筑遮阳技术

太阳给人类带来了光明和热量，但在夏季，强烈的阳光使人炎热难受，增加了建筑物的空调能耗和碳排放量。建筑遮阳的目的是避免阳光直射造成眩光和室内过热，良好的建筑外遮阳措施可以大大减少建筑物的空调能耗，具有很高的性价比，不少地区已经把建筑外遮阳作为必须采取的节能减排措施予以推广。对应不同的建筑风格和朝向，可选择不同的遮阳方式。

1. 建筑遮阳种类

建筑遮阳措施的种类很多。从位置而言，可以大体分为外窗遮阳和天窗遮阳。外窗遮阳较为常见，人们已经积累了丰富的经验。天窗遮阳主要用于大中型公共建筑的中庭采光天窗，一般安置在建筑内部，采用电动设施，以便操作。

从内外而言，遮阳分为外遮阳、内遮阳和中间遮阳三类。外遮阳的效果远优于内遮阳和中间遮阳，是建筑师首选的措施。内遮阳一般仅用于室内设计阶段，或者用于不能改变外立面效果的历史保护建筑。中间遮阳一般位于玻璃窗或者两层门窗、幕墙之间，造价和维护成本较高。

从遮阳构件的活动性而言，分为活动式遮阳、固定式遮阳两类。其中，活动式遮阳既可以满足夏季遮挡阳光的需求，又可以满足冬季获取阳光的需求，具有非常广泛的使用范围，当然其价格、质量要求也相对较高。

从遮阳构件的控制而言，分为手动式控制、电动式控制两类。其中，电动式控制适用于各种类型的建筑物，特别是高大的建筑和空间，具有广泛的使用范围。

从遮阳构件的材料而言，种类丰富，有钢筋混凝土构件、铝合金构件、玻璃构件、木制构件、织物、植物等。其中，铝合金构件最为常见。

从遮阳构件的形式而言，可以分为挡板、百叶、卷帘、花格、布篷等。

从遮阳构件的类型而言，可以分为水平式遮阳、垂直式遮阳、综合式遮阳、挡板式遮阳四类，它们各有适用的范围，见表 3-8。

表 3-8　遮阳构件的常见类型

类型	适用范围	常见图例
水平式遮阳	适用于中国各地的南向窗口、中国北回归线以南地区的北向窗口	水平式外遮阳对不同季节的阳光遮挡示意图，尽量遮挡夏季阳光，而让冬季阳光进入

（续）

类型	适用范围	常见图例
垂直式遮阳	适用于北向、东北向、西北向的窗口	
综合式遮阳	具有水平式遮阳和垂直式遮阳的双重作用	
挡板式遮阳	适用于东向、西向的窗口	

上表只是给出了遮阳的一些基本原则，在设计中需要根据建筑热工设计分区、建筑朝向、遮阳板尺寸等数据查阅相关资料和规范要求，进行初步计算，然后不断调整，最终确定遮阳板的形式、尺寸等细部内容。

2. 建筑遮阳设计

建筑遮阳设计、选择的优先顺序根据投射的太阳辐射强度确定，结合房间的使用要求、窗口朝向及建筑安全性综合考虑。可采用固定或可调等遮阳措施，也可采用可调节太阳得热系数的调光玻璃进行遮阳。遮阳的太阳得热系数，根据现行国家标准《民用建筑热工设计规范》（GB 50176—2016）计算确定。

设置可调节遮阳设施，改善室内热舒适环境。公共建筑推荐采用可调节光线的遮阳设计，居住建筑宜采用卷帘窗、可调节百叶等遮阳设计。本项目南、西立面透明部位采用6（Low-E）+19Ar（中置遮阳百叶）+6+9Ar+6钢化中空玻璃，设置中置遮阳措施，在外窗封闭气体层空腔中置入可调节的遮阳叶片，适应了不同日照条件。

可调节遮阳由于能适应不断变化的太阳高度角，在一天的大部分时间都能很好地发挥作用，相比固定遮阳，其能更灵活地隔断夏季直射阳光直接进入室内，从而改善室内热环境、降低建筑冷负荷能耗。可调节遮阳构件的形式主要有遮阳百叶、遮阳卷帘、可调节遮阳板等。

依据《标准》2019版对于"设置可调节遮阳设施"的评价，智韵大厦项目1～3#楼、4#楼、5～8#楼三组楼群，有阳光直射的外窗和幕墙透明部分的面积分别为2373.128m²、5577.93m²和2092.8m²。其中有可控遮阳调节措施的面积为：1411.965m²、3111.92m²和

$1315.9m^2$，比例分别为 59.50%、55.59% 和 62.79%。均大于"可调节遮阳设施的面积占外窗透明部分的比例 $Sz \geqslant 55\%$"的要求，同时，遮阳产品的机械耐久性达到了相应产品标准要求的最高级。自评得分 9 分。外窗可控遮阳的面积统计见表 3-9。

表 3-9　外窗可控遮阳的面积统计

编号	朝向	尺寸		数量/个	采取可控遮阳调节措施面积/m²	采取可控遮阳调节措施面积比例（%）
		宽度/m	高度/m			
1～3#	南	7.65	3.6	1	0	84.11
		6.9	3.6	1	0	
		5.7	3.6	1	0	
		6	3.6	2	0	
		3.35	3.7	5	61.975	
		2.75	3.7	2	20.35	
		2.9	3.7	4	42.92	
		2.7	3.7	49	489.51	
	东	1.6	3.7	4	0	0.00
		1.6	4	1	0	
		2.7	3.7	30	0	
		39.46	8.55	1	0	
	西	2.5	3.6	1	0	81.76
		3.8	3.6	1	0	
		1.25	3.6	1	0	
		4.8	3.6	2	0	
		3.6	3.6	1	0	
		12	8.6	1	0	
		6.1	2.7	1	16.47	
		2	3.6	1	7.2	
		2.3	3.6	7	57.96	
		2	3.7	22	162.8	
		2.3	3.7	54	459.54	
		2.1	3.7	12	93.24	
合计					1411.965	59.50
4#楼	南	6.59	3.165	1	0	85.25
		4.655	3	4	0	
		4.655	2.15	2	0	
		1.5	2.15	11	0	
		1.5	2.5	11	0	
		1.5	3	22	0	

（续）

编号	朝向	尺寸		数量/个	采取可控遮阳调节措施面积/m²	采取可控遮阳调节措施面积比例（％）
		宽度/m	高度/m			
4#楼	南	1.5	3.6	11	59.4	85.25
		1.5	4	11	66	
		1.5	3	154	693	
		4.655	4.5	2	41.895	
		4.655	3.8	4	70.756	
		4.655	4.4	2	40.964	
		4.655	3.2	28	417.088	
		20.3	9.17	1	186.151	
	西	4.755	4.1	2	0	82.90
		4.755	3.2	2	0	
		4.755	2.15	2	0	
		1.5	2.15	11	0	
		1.5	3	36	0	
		1.5	1.8	11	0	
		1.5	2.5	14	0	
		1.5	2.3	14	0	
		1.5	4.4	11	72.6	
		1.5	3.6	22	118.8	
		1.5	4.2	11	69.3	
		1.5	3	154	693	
		4.755	4.5	2	42.795	
		4.755	3.8	4	72.276	
		4.755	4.4	2	41.844	
		4.755	3.2	28	426.048	
	东	4.755	4.1	2	0	0.00
		4.755	3.2	2	0	
		4.755	2.15	2	0	
		1.5	2.15	11	0	
		1.5	3	36	0	
		1.5	1.8	11	0	
		1.5	2.5	14	0	
		1.5	2.3	14	0	
		1.5	4.4	9	0	
		1.5	3.6	10	0	
		1.5	4.2	11	0	

（续）

| 编号 | 朝向 | 尺寸 | | 数量/个 | 采取可控遮阳调节措施面积/m² | 采取可控遮阳调节措施面积比例（%） |
		宽度/m	高度/m			
4#楼	东	1.5	3	154	0	0.00
		4.755	4.5	2	0	
		4.755	3.8	4	0	
		4.755	4.4	2	0	
		4.755	3.2	28	0	
合计					3111.917	55.79
5~8#	西	6	3.6	2	0	81.98
		5.7	3.6	1	0	
		8	3.6	2	0	
		7.6	3.6	2	0	
		2.9	3.7	4	42.92	
		2.75	3.7	2	20.35	
		2.8	3.7	25	259	
		2.7	3.7	34	339.66	
		2.4	3.7	10	88.8	
		1.35	3.7	10	49.95	
	东	4.8	2.7	1	0	0.00
		2.7	2.7	1	0	
		4.6	2.7	1	0	
		1.6	3.6	1	0	
		3.6	2.7	1	0	
		3.2	2.7	1	0	
		2.1	3.7	5	0	
		2.7	3.7	10	0	
		2.3	2.7	4	0	
		2.3	3	3	0	
		2.1	3	1	0	
		3.8	3	3	0	
		3.7	3	1	0	
		2.3	2.1	49	0	
		2.1	2.1	7	0	
		3.8	2.6	2	0	
		3.7	2.6	1	0	
	南	2.3	2.6	1	0	97.31
		2.3	3.6	1	0	

（续）

编号	朝向	尺寸		数量/个	采取可控遮阳调节措施面积/m²	采取可控遮阳调节措施面积比例（%）
		宽度/m	高度/m			
5~8#	南	3.3	3.6	4	47.52	97.31
		3	3.6	1	10.8	
		3.4	3.6	2	24.48	
		1.6	3.7	5	29.6	
		2.9	3.5	1	10.15	
		3.2	3.5	1	11.2	
		3.3	3.5	5	57.75	
		3	3.5	1	10.5	
		3.5	3.5	2	24.5	
		3.5	4.7	2	32.9	
		3.3	4.7	2	31.02	
		2.7	2.1	30	170.1	
		2.5	2.1	6	31.5	
		2.7	1.45	5	19.575	
		2.5	1.45	1	3.625	
合计					1315.9	62.79

　　利用建筑自身形态形成建筑自遮阳方式。建筑自遮阳是运用建筑形体的外挑，利用建筑构件（如屋顶挑檐、阳台、雨篷、凸出墙面的挑板、壁柱等）自身产生的阴影来形成建筑的"自遮阳"，进而达到减少屋顶和墙体受热的目的。此外，结合景观设计，利用树木也可形成自然遮阳。自遮阳方式还具有建筑效果完整、遮阳效果持久、维护成本低等优点。

　　利用建筑种植大型乔木、爬藤类植物提供环境遮阳。植物能有效地遮挡直射的阳光，结合当地选取植物的种类与合适的种植位置以改善建筑的能耗，增加体验舒适度。但要注意把握方位与距离。也可选择爬藤类植物提供墙面遮阳。爬藤类的植物在装饰墙面的同时能够起到一定的遮阳和隔热效果，但需要定期维护，避免植物的随机长势可能造成的采光遮挡；此外，墙面宜选择蓄热性较低且具有一定摩擦的材料，避免植物晒伤，并有利于其附着生长，如图3-3所示。

　　利用采光天窗设置可调节百叶遮阳。

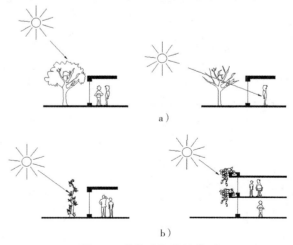

图 3-3　植物遮阳常见类型

a）利用树木形成的环境遮阳（夏季、冬季）

b）利用爬藤植物形成的环境遮阳

为适应不同的日照、采光条件，且考虑到建筑的体态较为庞大，室内需要采光时往往会采取天窗的处理形式，通过采取遮阳板或者可调节的窗帘提供遮阳。

固定遮阳也是一种常见的遮阳方式，这是一种将建筑的天然采光、遮阳与建筑融为一体的外遮阳系统。为了加强遮阳效果，项目设计中，固定遮阳时综合考虑了建筑地理纬度、朝向、太阳高度角和太阳方向角及遮阳时间，遮阳的挑出长度满足夏季太阳不直接照射到室内，且不影响冬季日照。结合水平遮阳，设计室外阳台或适当加大遮阳板的挑出距离，以及在窗口两侧设置垂直方向遮阳板的垂直遮阳。解决了太阳高度角较小情况下，遮挡高度角较小、从窗口两侧斜射过来阳光的问题。另外，光伏构件与建筑遮阳组合也是一种遮阳新方式，光伏遮阳系统既要求与一般遮阳一样，在夏季尽量减少太阳辐射通过外围护结构的得热量，而冬季尽可能多地获得通过围护结构的太阳辐射热量，并保证足够的照明，还可以通过光伏组件发电供电。

3.1.8　绿色建筑材料应用

绿色建筑材料是指采用清洁生产技术、少用天然资源和能源、大量使用工业或城市固态废物生产的无毒害、无污染、无放射性、有利于环境保护和人体健康的建筑材料。它是一种具有消磁、消声、调光、调温、隔热、防火、抗静电等性能，并具有调节人体机能的特种新型功能建筑材料。

近年来，我国绿色建材生产规模不断扩大，质量效益不断提升，推广应用不断加强，逐渐成为支撑建材行业发展的新动能。2023 年 12 月，我国工业和信息化部等 10 部门联合印发《绿色建材产业高质量发展实施方案》，聚焦提升绿色建材全产业链内生力、影响力、增长力、支撑力，推出了促进绿色建材产业高质量发展的系列举措。

绿色建筑材料具有保护环境、维持生态平衡等功能。相比于传统建材来说，绿色建筑材料的主要优势在于减少了对空间环境的污染与能源浪费。具体特点体现在以下几个方面。

（1）低能耗　通过改良传统的建筑生产技术，在材料的生产或施工过程中不断减少能源的损耗与浪费，提高对能源的利用率。

（2）资源回收利用　提倡、推广使用垃圾、废渣等废弃物作为新建筑材料的原材料，尽可能地减少或者是避免对不可再生资源的消耗与浪费。

（3）环保　建筑材料在研究与生产过程中尽可能地避免加入污染或者是有毒的物质，选用可回收利用的、耐火性能好的、可以产生降解的建筑材料，从而达到生产过程的绿色环保化，保护生态环境。

（4）功能多样　采用新技术，满足人们对光环境、空间功能、室内温湿度等的多重需要，以实现舒适的居住空间。

智韵大厦项目绿色建材应用比例为 70%，具体比例核算见表 3-10。

表 3-10 智韵大厦项目绿色建材应用比例核算得及分值计算

评估指标		计量单位	应用比例要求	设定分值	实际应用比例	实际核算分值
一级指标	二级指标					
主体结构 S_1	预拌混凝土	m³	$80\% \leqslant P_{S1a} \leqslant 100\%$	10~20	100%	20
	预拌砂浆	m³	$50\% \leqslant P_{S1b} \leqslant 100\%$	5~10	100%	20
围护墙和内隔墙 S_2	非承重围护墙	m³	$P_{S2a} \geqslant 80\%$	10		0
	内隔墙	m³	$P_{S2b} \geqslant 80\%$	5		0
装修 S_3	外墙装饰面层涂料、面砖、非玻璃幕墙板等	m²	$P_{S3a} \geqslant 80\%$	5	100%	5
	内墙装饰面层涂料、面砖、壁纸等	m²	$P_{S3b} \geqslant 80\%$	5	100%	5
	室内顶棚装饰面层涂料、吊顶等	m²	$P_{S3c} \geqslant 80\%$	5	100%	5
	室内地面装饰面层木地板、面砖等	m²	$P_{S3d} \geqslant 80\%$	5	100%	5
	门窗、玻璃	m²	$P_{S3e} \geqslant 80\%$	5		0
其他 S_4	保温材料	m²	$80\% \leqslant P_{S4a} \leqslant 100\%$	5~10	100%	5
	卫生洁具	具	$P_{S4b} \geqslant 80\%$	5	100%	5
	防水材料	m²	$P_{S4c} \geqslant 80\%$	5	100%	5
	密封材料	kg	$P_{S4d} \geqslant 80\%$	5	100%	5
	其他	—	$P_{S4e} \geqslant 80\%$	5		0
绿色建材应用比例	$P = [(S_1 + S_2 + S_3 + S_4)/100] \times 100\%$			100	70%	

3.2　暖通空调系统节能设计

随着时代科学技术的进步和社会环境的变化，绿色建筑越来越受到关注与政策支持。在绿色建筑评价体系中，暖通空调系统主要落实"节能与能源利用"和"室内环境质量"两部分相关的内容。

暖通专业的"节能与能源利用"，是指从工程项目具体的需求出发结合建设用地的能源条件，搭建适合的能源框架；在经济技术分析合理的前提下，利用可再生能源、蓄能系统，选用高效的供暖空调设备，降低系统的运行能耗。

暖通空调系统的用能从需求出发，用能环节包括能源系统、输配系统及末端设备三部分。能源形式的选择及合理配置关系到系统的安全性、稳定性，输配系统设计是水力平衡的保障手段，末端设备是营造室内环境的最直接环节。三者协同作用、不可分割，共同构成暖通空调系统的能耗，其中能源系统和输配系统的能耗占比较大，也具备更大的节能潜力。

"室内环境质量"包括室内声环境、室内光环境、室内热湿环境和室内空气质量四个方面，与暖通专业相关的主要是后两者，具体包括温度、湿度、二氧化碳浓度和室内污染物浓度等。室内环境的营造是实现建筑使用功能的关键保障，也是绿色建筑"以人为本"原则的重要体现。暖通空调系统是构成建筑用能的重要组成部分，也是营造室内环境的必备环节。暖通空调系统对室内热湿环境的影响是通过设计参数的选取和末端形式的配置来实现的，二氧化碳及室内污染物浓度的控制则需要末端设置空气过滤、净化装置来实现。此部分内容将在"室内环境设计"章节详细介绍。

智韵大厦项目秉持舒适性和节能性相结合、能源利用和环境保护相结合的原则，暖通空调设计范围包括冷热源及系统设置、空调系统设计、供暖系统设计、通风系统设计、防排烟系统设计。项目供暖空调负荷降低比例达 14.91%。依照标准规范和工程经验总结，将从能源利用、末端系统形式、输配系统、控制策略三个方面探索绿色建筑暖通空调系统的节能设计特色。

3.2.1 冷热源设计

冷水机组按工作原理分为压缩式、吸收式和蒸汽喷射式等，目前压缩式制冷机的应用最为广泛。压缩式是将电能转换成机械能，通过压缩式制冷循环达到制冷目的的制冷方式。根据压缩机工作原理不同，压缩式制冷机又可分为活塞式、螺杆式、离心式等多种形式。吸收式是直接以热能为动力，通过吸收式制冷循环达到制冷目的的制冷方式。根据所用热源的不同，吸收式制冷又可分为蒸汽式和直燃式两种。蒸汽喷射式是直接以热能为动力，通过蒸汽喷射式制冷循环，达到制冷目的的制冷方式。

冷水机组按冷却介质的不同分为水冷式和风冷式。水冷式制冷机是用水冷却冷凝器内的制冷剂，一般要在室外设冷却塔。风冷式制冷机是用室外空气直接冷却冷凝器内制冷剂，冷凝器一般设在室外或通风较好的地方。

热源是供暖热煤的来源或能从中吸取热量的任何物质、装置或天然的能源。热源供应方式较多。

智韵大厦项目设计根据负荷特征和能源供给条件分析区域能源系统的可行性，并考虑到初期投资及全寿命周期内的经济性建设增量投资的可接受范围，以及项目的推广示范效应，采用"市政热网+压缩式制冷冷水机组"的冷热源供应方式，合理确定冷热源机组容量，以适应建筑满负荷和最低负荷的运行需求。

冷热源机组能耗约占空调运行能耗的 50%～60%。采用高效冷源设备，可显著降低暖通空调系统的能耗，尤其是综合部分负荷性能系数的降低效果更为突出。在负荷密度高、末端用户使用率高、用户功能需求相对简单、输送能耗可控等条件下，区域集中能源系统占有较大优势，可以避免各单体的重复能源投资建设，减轻单体建筑运维管理的负担。

1. 优先使用市政热源

项目具备使用市政热力的条件，因此优先使用市政热源；项目根据不同用热需求的负荷合理设置了二次换热系统，力求简约、适用，提高自动化控制水平，做到无人值守。地下一层设置一座换热站。由相邻的市政道路接入一次热力网管线至换热站，热媒为热水。换热站设置两套换热系统，一套为办公楼、食堂空调系统提供热源。另一套为商业的地热供暖系统提供热源；同时，项目给换热设备选配了换热管道、选择具有高传热性能的产品，换热站内设置了气候补偿器、变频水泵、电动调节阀、能量计量装置等节能运行措施。

2. 合理选用永磁同步变频离心式冷水机组

在公共建筑能耗中，空调能耗是其重要的组成部分。离心式冷水机组一直是公共建筑尤其是大型公共建筑空调系统的主力机型，其能效水平对公共建筑能耗具有重大影响。目前离心式冷水机组大都采用变频技术以提高能效。然而，常规变频离心式冷水机组采用三相异步变频电动机，通过外置变频器实现电动机的转速调节，最高转速小于 $3000r/min$，因此必须采用增速齿轮带动叶轮对冷媒做功。由于机械损失大（最高达机组功耗的 8%），电动机效率低（<95%），离心式冷水机组的能效提升受到限制。永磁同步变频离心式冷水机组是采用了双级压缩中间补气循环、压缩机全工况气动设计、高速电动机直接驱动结构、高速大功率永磁同步变频调速及相应变频器等关键技术，其循环效率、绝热效率、机械效率、电动机效率、变频器效率等均得到大幅提高。

对于双级压缩中间补气循环，系统循环方式很大程度决定了整机的循环效率，永磁同步变频离心式冷水机组的理论循环效率比常规变频机组全工况提高 46%~59%。

对于压缩机全工况气动设计，绝热效率是影响压缩机效率的关键因素，这取决于压缩机的气动设计。本项目中，永磁同步变频离心式压缩机在压缩机设计方法、气动零部件设计等方面进行了大幅改进。

对于高速电动机直接驱动结构，永磁同步变频离心式压缩机在高速永磁同步电动机的基础上，取消了常规变频离心式压缩机所必需的增速齿轮对，采用单轴并以 2 个径向轴承支撑。

对于高速大功率永磁同步变频调速电动机及相应变频器等关键技术，电动机效率、变频器效率是影响离心机效率的重要因素。永磁同步变频离心机采用了高速大功率永磁同步电动机，与三相异步电动机不同，永磁同步电动机的转子是用永久磁极经特殊工艺直接安装在转子表面形成的。

因此，永磁同步变频离心式冷水机组相对于常规变频离心式冷水机组大幅提高。

永磁同步变频螺杆式冷水机组采用先进的半封闭永磁同步变频螺杆式压缩机，以及高效变频、高效换热器技术，最新的高效降膜式换热器，环保冷媒使用 R134a，产品均为节能产品，机组能够长期稳定运行，节能高效，名义工况下的制冷量范围为 120~600RT。

项目冷源则根据空调系统计算冷负荷（1500RT）采用电制冷冷水机组，冷水机组匹配采用两大一小的模式，两台 600RT 永磁同步变频离心式冷水机组（简称离心机），一台

300RT 永磁同步变频螺杆式冷水机组（简称螺杆机）。

项目选择了永磁同步变频高效冷热源设备，提高了运行综合能效，具体参数见表 3-11。地下二层非人防区设制冷机房。冷水机组负担办公楼、食堂的夏季制冷。

表 3-11 冷水机组设备表

冷水机组设备表								
设备类型	台数	制冷量/kW	COP	IPLV	功率/kW	蒸发器进出水温度/℃	冷凝器进出水温度/℃	提高幅度（%）
离心式冷水机组永磁同步变频	2	2110	6.19	11.05	340.9	7/12	32/37	21.02
螺杆式冷水机组永磁同步变频	1	1073	5.96	9.56	179.9	7/12	32/37	16.94

根据智韵大厦项目负荷情况分析，项目前期大部分都运行在部分负荷工况下，最低负荷率 4.9%、最大负荷占比 50%～80%，为了满足用户各时段使用负荷的需求，项目制定了 50%、75% 的业态机组运行策略。

（1）50% 业态机组运行策略 项目充分考虑了 50% 入住率的业态下机组的控制逻辑。室外温度在 15～23℃ 时，机组负荷在 4.9% 到 34% 之间，累计小时数为 309h，只开一台螺杆机；室外温度在 23～27℃ 时，机组负荷 43.7%～53.4% 之间，累计小时数 552，关闭螺杆机，打开一台离心机；室外温度 ≥27℃ 时，机组负荷在 63.1%～87.4% 之间，累计小时数 782h，打开一台螺杆机和一台离心机。方案具体内容见表 3-12。

表 3-12 50% 业态机组运行策略

高效机房：变频冷水机组 夏季供冷运行能耗（按 50% 负荷计算）												
输入室外设计最高温度 T_h			35.6℃									
建筑负荷 Q			2647.00kW									
机组配置	主机额定总冷量 Q_h		5293kW									
	离心机组主机台数		2 台									
	螺杆机机组主机台数		1 台									
	离心机单台主机额定总冷量 Q_h		2110kW									
	螺杆机单台主机额定总冷量 Q_h		1073kW									
计算条件	室外气温	℃	15～17	17～19	19～21	21～23	23～25	25～27	27～29	29～31	31～33	≥33
	中间温度	℃	16	18	20	22	24	26	28	30	32	33
	系统负荷率	/	4.9%	14.6%	24.3%	34.0%	43.7%	53.4%	63.1%	72.8%	82.5%	87.4%
	实际总冷负荷	kW	128.5	385.5	642.5	899.5	1156.5	1413.5	1670.4	1927.4	2184.4	2312.9
	螺杆机机组供冷量	kW	128.5	385.5	642.5	899.5	0.0	0.0	321.9	429.0	536.5	751.1
	离心机机组供冷量	kW	0.0	0.0	0.0	0.0	1156.5	1413.5	1348.5	1498.4	1647.9	1561.8

（续）

		高效机房：变频冷水机组　夏季供冷运行能耗（按50%负荷计算）										
计算条件		白天累计小时数	h	30	51	104	124	221	331	328	277	126	51
		需开启机组台数	台	1	1	1	1	1	1	2	2	2	2
制冷主机	开启台数	螺杆机主机开启总台数	台	1	1	1	1	0	0	1	1	1	1
		离心机主机开启台数	台	0	0	0	0	1	1	1	1	1	1
	机组变频	螺杆机主机额定制冷量	kW	1073.0	1073.0	1073.0	1073.0	1073.0	1073.0	1073.0	1073.0	1073.0	1073.0
		离心机主机额定制冷量	kW	2110.0	2110.0	2110.0	2110.0	2110.0	2110.0	2110.0	2110.0	2110.0	2110.0
		螺杆机机组负荷率	%	0.1	0.4	0.6	0.8	0.0	0.0	0.3	0.4	0.5	0.7
		离心机机组负荷率	%	0.0	0.0	0.0	0.0	0.5	0.7	0.7	0.8	0.7	0.7
		螺杆机机组部分负荷COP	W/W	10.6	8.2	7.3	6.5	6.0	6.0	8.5	8.0	7.6	7.0
		离心机机组部分负荷COP	W/W	6.2	6.2	6.2	6.2	13.1	9.6	11.3	9.6	8.1	9.6
		螺杆机部分负荷功率	kW	12.2	46.9	88.5	139.3	0.0	0.0	38.0	53.9	70.2	107.0
		离心机部分负荷功率	kW	0.0	0.0	0.0	0.0	88.1	147.9	119.2	156.7	203.2	163.4
		螺杆机机组各段节点耗电量	kW·h	365	2393	9206	17268	0	0	12464	14930	8846	5457
		离心机机组各段节点耗电量	kW·h	0	0	0	0	19480	48938	39109	43417	25603	8332
		合计耗电量	kW·h	365	2393	9206	17268	19480	48938	51573	58347	34448	13789
		螺杆机机组各段节点制冷量	kW	3855	19660	66817	111534	0	0	105583	118833	67599	38306
		离心机机组各段节点制冷量	kW	0	0	0	0	255577	467851	442321	415065	207638	79652
		合计制冷量	kW·h	3855	19660	66817	111534	255577	467851	547904	533898	275237	117959
		各段节点供冷量	GJ	14	71	241	401	920	1684	1972	1922	991	425
		机组耗电量	kW·h	255807									
		供冷季总制冷量	kW	2400291									

（2）75%业态机组运行策略　项目考虑到75%入住率的业态下机组的控制逻辑。室外温度15~19℃时，机组负荷在4.9%~14.6%之间，累计小时数为81h，只开一台螺杆机；室外温度19~25℃时，机组负荷在24.3%~43.7%之间，累计小时数449h，打开一台离心机、一台螺杆机；室外温度大于25℃时，机组负荷在53.4%~87.4%之间，累计小时数1113h，打开一台螺杆机、两台离心机，见表3-13。

表 3-13　75%业态机组运行策略

高效机房：变频冷水机组　夏季供冷运行能耗（按75%负荷计算）												
输入室外设计最高温度 T_h		35.6℃										
建筑负荷 Q		3970.00kW										
机组配置	主机额定总冷量 Q_h	5293kW										
	离心机机组主机台数	2 台										
	螺杆机机组主机台数	1 台										
	离心机单台主机额定总冷量 Q_h	2110kW										
	螺杆机单台主机额定总冷量 Q_h	1073kW										
计算条件	室外气温	℃	15~17	17~19	19~21	21~23	23~25	25~27	27~29	29~31	31~33	≥33
	中间温度	℃	16	18	20	22	24	26	28	30	32	33
	系统负荷率	/	4.9%	14.6%	24.3%	34.0%	43.7%	53.4%	63.1%	72.8%	82.5%	87.4%
	实际运行总冷负荷	kW	192.7	578.2	963.6	1349.0	1734.5	2119.9	2505.3	2890.8	3276.2	3468.9
	螺杆机机组供冷量	kW	192.7	578.2	429.2	429.2	429.2	536.5	536.5	536.5	536.5	536.5
	离心机机组供冷量	kW	0.0	0.0	534.4	919.8	1305.3	1583.4	1968.8	2354.3	2739.7	2932.4
	白天累计小时数	h	30	51	104	124	221	331	328	277	126	51
	需开启机组台数	台	1	1	1	1	1	1	1	1	1	2
制冷主机	开启台数	螺杆机主机开启总台数	台	1	1	1	1	1	1	1	1	1	1
		离心机主机开启台数	台	0	0	1	1	1	2	2	2	2	2
	机组变频	螺杆机主机额定制冷量	kW	1073.0	1073.0	1073.0	1073.0	1073.0	1073.0	1073.0	1073.0	1073.0	1073.0
		离心机主机额定制冷量	kW	2110.0	2110.0	2110.0	2110.0	2110.0	2110.0	2110.0	2110.0	2110.0	2110.0
		螺杆机机组负荷率	%	0.2	0.5	0.4	0.4	0.4	0.5	0.5	0.5	0.5	0.5
		离心机机组负荷率	%	0.0	0.0	0.3	0.4	0.6	0.4	0.5	0.6	0.6	0.7
		螺杆机机组部分负荷 COP	W/W	10.4	7.6	8.0	8.0	8.0	7.6	7.6	7.6	7.6	7.6
		离心机机组部分负荷 COP	W/W	6.2	6.2	11.1	12.8	11.3	12.8	13.1	12.2	11.3	9.6
		螺杆机部分负荷功率	kW	18.5	75.7	53.9	0.0	0.0	70.2	70.2	70.2	70.2	70.2
		离心机部分负荷功率	kW	0.0	0.0	48.2	72.1	115.4	62.0	75.0	96.4	121.1	153.4
		螺杆机机组各段节点耗电量	kW·h	555	3858	5606	0	0	23238	23027	19447	8846	3580
		离心机机组各段节点耗电量	kW·h	0	0	5011	8939	25505	41074	49221	53388	30522	15644
		合计耗电量	kW·h	555	3858	10617	8939	25505	64312	72248	72835	39368	19224
		螺杆机各段节点制冷量	kW	5782	29486	44637	53221	94853	177582	175972	148611	67599	27362
		离心机机各段节点制冷量	kW	0	0	55577	114059	288464	524106	645779	652135	345204	149554
		合计制冷量	kW·h	5782	29486	100214	167280	383317	701688	821751	800745	412803	176916
		各段节点供冷量	GJ	21	106	361	602	1380	2526	2958	2882	1486	637
		机组耗电量	kW·h	317461									
		供冷季总制冷量	kW	3599981									

为提高运行维护阶段技术、产品、配件的通用性，项目在机组设计选型过程中，遵循了

以下原则：

1) 设计阶段空调供暖系统对每个房间进行热负荷计算，夏季针对房间逐时、逐项冷负荷进行计算，并统计综合最大值。杜绝了指标估算、房间最大值叠加、主机容量放大等做法造成的偏差。对于项目建筑个体功能的差异，在满足使用需求的前提下，确定同时使用系数，合理有效降低装机容量是非常必要的。从用户出发合理配置机组容量、台数，力争做到设备长时间在高效区运行的同时，满足建筑在不同季节、时段的负荷需求。

2) 小冷量机组需选择冷量调节能力较高的机组。该项目在制冷季节大部分或过渡季节都处于低负荷运行工况，且负荷率变化较大，故对小冷量机组的调节能力有着较高的要求。小冷量优先选变频螺杆机组，冷量较小，调节能力好，部分负荷下能高效运行。

3) 根据项目最低运行负荷选择小冷量机组的容量。在选择小冷量机组容量时需要保证其能满足项目最低运行负荷的需求，且在该负荷下可以保证高效运行。该项目最低负荷为192.8kW，此时选300RT变频螺杆机，机组负荷率为17%，COP约为10.27。

4) 根据项目运行负荷的最大占比情况选择机组的数量。建筑运行负荷最大占比部分的能耗是制约建筑空调系统全年能耗的关键部分，故在机组选型时需要保证系统在该部分能高效运行。且对于大小机搭配方案，项目建议机组台数不小于三台，以满足一台机组检修或停运时，剩下机组能满足建筑70%的负荷需求。该项目运行负荷的最大占比约为50%~80%，大机组选用600RT，2台离心机，此时单台机组负荷率为50%~60%，COP约为11.2~13.21。

冷水机组按照类型不同，同时满足了《民用建筑采暖通风与空气调节设计规范》（GB 50736）、《公共建筑节能设计标准》（GB 50189）、《蒸气压缩循环冷水（热泵）机组》（GB/T 18430）等标准的技术要求。设备能效提升比例为21.02%和16.94%。供暖空调系统的冷、热源机组能效均优于现行国家标准的规定及现行有关国家标准能效限定值的要求。而且，冷水机机组在夏季排热过程中，冷凝散热设备设置在通风良好的室外空间，设计中注意避免附近的高温发热或易燃体，远离人员活动区、居住建筑的外窗以及高污染源。

3.2.2 空气调节设计

空气调节（简称空调）是使房间或封闭空间的空气温度、湿度、洁净度和气流速度等参数，达到给定要求的技术。空气调节系统一般由空气处理设备、空气输送管道、空气分配装置以及自动控制装置组成。

空调系统按照承担室内热负荷、冷负荷和湿负荷的介质种类的不同，可分为全空气系统、全水系统、空气—水系统和冷剂系统，见表3-14。工程上应根据建筑物的用途、性质、冷热负荷与湿负荷的特点、温湿度调节及控制的要求、空调机房的面积及位置、初投资和运行费用等多方面因素，选定适宜的空调系统。

项目选择空调系统时，根据建筑物用途、规模、使用特点、负荷变化情况、参数要求、地区能源情况和气象条件等进行综合考虑。

表 3-14　空调系统分类（介质种类）

名称	特征	系统应用
全空气系统	室内负荷全部由集中处理过的空气来负担 空气比热小、密度小，需空气量多，风道断面大，输送耗能大	普通的低速单风道系统应用广泛，可分为单风道定风量或变风量系统、双风道系统、全空气诱导器系统、末端空气混合箱
全水系统	室内负荷全部由集中处理过的一定温度的水来负担 输送管路断面小 无通风换气的作用	风机盘管系统 辐射板供冷供热系统 通常不单独采用该方式
空气—水系统	由处理过的空气和水共同负担室内负荷 其特征介于上述二者之间	风机盘管加新风系统 辐射板供冷加新风系统 空气—水诱导器空调系统 该方式应用广泛
冷剂系统	制冷系统蒸发器或冷凝器直接向房间吸收或放出热量 冷、热量的输送损失少	整体式或分体式柜式空调机组 多台室内机的分体式空调机组 闭环式水热源热泵机组系统 常用于局部空调机组

智韵大厦项目合理选择配置了 5 套不同类型的末端空调系统进行优化设计，室内气流组织合理，室内工作区温湿度、风速、洁净度等较好地满足了工艺性与人们生活、舒适性要求。

1. 全空气系统设计

全空气系统空调房间的室内负荷全部由经过处理的空气来负担。在室内热湿负荷为正值的场合，用低于室内空气焓值的空气送入房间，吸收余热余湿后排出房间。低速集中式空调系统、双管高速空调系统均属这一类型。需要用较多的空气量才能达到消除余热余湿的目的，因此要求有较大断面的风道或较高的风速。全空气系统空调送回风管系统复杂，占建筑空间大，空调和制冷设备可以集中布置在机房，并采取有效的消声隔振措施。

全空气定风量单风道系统可用于温湿度波动范围小、噪声和洁净度标准要求高的场合，如净化房间、医院手术室、电视台、播音室等；也可用于空调区大或居留人员多，且各空调区温湿度系数、洁净度要求、使用时间等基本一致的场所，如商场、展览厅、餐厅、多功能厅、体育馆等。

全空气定风量双风道系统可用于需要对单个空调区域进行温湿度控制或由于建筑物的形状或用途等原因，使得其冷热负荷分布复杂的场所。这种系统的设备费和运行费高，耗能大，一般不宜采用。

全空气变风量系统可用于各空调区需要分别调节温湿度，但温度和湿度控制精度不高的场所，如高档写字楼和一些用途多变的建筑物。变风量系统尤其适用于全年都需要供冷的大型建筑物的内区。

智韵大厦项目首先确定了一次回风、变风量全空气系统形式。并根据房间的功能和使用空调的时间、性质及特点划分子系统，确定各子系统的作用区域、空调机房的位置和主要管道的走向。项目食堂、指挥中心大厅、办公楼首层大堂等大空间区域空调末端，采用全空气系统，过渡季全新风运行，新风量按70%新风比运行。其中1~3#指挥大厅24h使用，末端为全空气系统，并多设置一套冷媒系统，在夜间制冷主机关闭后，由屋面的室外机开启供冷。变风量空调系统可以按需提供风量，避免了定风量风机的额外耗能，实现了节能，同时又保留了全空气空调系统回收利用室内湿冷负荷的技术，比全空气定风量空调系统更为先进。

2. 风机盘管+新风系统设计

风机盘管作为常规空调系统部件具有高效的冷热调节能力，但由于其换热主要通过单一的室内空气，在空气调节过程中无法改善空气质量，经过数次循环，室内空气质量会出现大幅下降，因而具有一定的局限性。而新风系统由于可以对室内空气进行更新，从而保障了室内空气品质。但单一的新风系统能耗过高导致其经济性欠佳。基于对经济性和设计要求的考虑，最后决定采用风机盘管加新风系统的复合空气调节系统。

风机盘管由风机、表面式热交换器（盘管）、过滤器组成。其形式有卧式和立式，通常设置在需要空调的房间内，对通过盘管的空气进行冷却、减湿冷却或加热处理后送入室内，以消除空调机房的冷（热）湿负荷。新风由新风机组集中处理，分别送入各个房间；房间回风由设在其内的风机盘管处理，然后与新风混合后送入室内或送入室内后再混合。与一次回风全空气集中系统相比，该系统送风管小，不需设回风管，节省了建筑空间。

风机盘管可以独立地负担全部室内负荷，成为全水系统的空调方式。但由于这样解决不了房间的换气问题，因此，风机盘管空调系统是由风机盘管机组、新风系统和水系统三部分组成。此外，为了收集排放夏季湿工况运行时产生的凝结水，还需要设置凝结水管路系统。新风系统是为了保证人体健康的卫生要求，给空调房间补充新风量而设置的。对于集中设置的新风系统，还可以负担一部分新风和房间的热、湿负荷。

水系统用于风机盘管和新风机组提供处理空气所需的冷热量，通常是采用集中制取的冷水和热水。在建筑初步设计阶段也要考虑风机盘管的水系统。尤其水系统在高层建筑中需按承压能力进行竖向分区（每区高度可达100m），因而中间应设设备层；两管制系统还应按朝向或内、外区作分区布置，以便调节；风机盘管水系统为闭式循环，屋顶一般需设膨胀水箱间，膨胀水箱的膨胀管应接在回水管上，此外管道应该有坡度，并考虑排气和排污装置；风机盘管承担室内和新风湿负荷时，盘管为湿工况工作，应考虑冷凝水管系统的布置。

智韵大厦项目根据房间的功能，使用的空调时间、性质及特点，划分子系统，确定各子系统的作用区域和主要管道的走向。确定各空调房间所需的新风量和需要处理的终态参数。项目4#楼办公楼及5~8#楼食堂办公区空调末端采用风机盘管+新风系统，夏季送冷风制冷、冬季送热风制热，每层设置一个新风机房，新风机房内置一台新风机组，空调机房内设置集中新风井。

3. 全空气空调系统+地板辐射供暖设计

（1）冬季大空间热环境问题　建筑中的入口大厅、首层大堂一般贯穿多个楼层，具有高度高、体积大的特点，且建筑中大多设置中庭，中庭顶部设置玻璃顶棚，外墙也多采用玻璃幕墙，以上这些特点决定了首层建筑空间存在烟囱效应。表现为全空气空调系统送风过程中，室内热空气受浮力和高差的影响，热空气上升，导致上部空间热量积聚，顶层区域温度较高，热舒适性较差，而底层门窗受冷风侵入的影响较大，并且由于热空气上浮，受密度差影响底部冷空气聚集，底层连通区域温度较低，使整个建筑中垂直方向的温度梯度较大。当建筑顶部采用玻璃等通光材料时建筑内还会存在温室效应，太阳照射发出的短波热辐射通过玻璃加热室内建筑表面使得室内建筑表面温度升高，而室内建筑表面所发出的较长波长的二次辐射无法穿过玻璃反射出去，从而使得建筑内部获得并积蓄了热量，使得室内温度高于设计温度。

这两大效应对建筑大空间的设置有利也有弊。温室效应能够使建筑在冬季利用太阳辐射，使得建筑内部温度升高，降低冬季供暖负荷；而在夏季却容易使建筑内部连通区域温度过高，造成过热现象；烟囱效应在过渡季节可以使建筑内部空气产生循环，促进自然通风，使室外新鲜空气到达室内，改善建筑室内的空气品质，但在冬季却容易加重建筑的冷风渗透，同时造成建筑顶部连通区域热量聚集、温度较高，而底部人员活动区域温度较低的现象。

解决建筑入口大厅、首层大堂这些区域的热环境存在的各种问题，以及热环境带来的人体不舒适性问题显得尤为重要。为提高商场建筑中的人体舒适性，有必要解决这些区域的热环境，提高其热舒适性。因此，智韵大厦项目在指挥中心入口大厅、办公楼首层大堂等大空间区域另外设置一套地热供暖系统，作为冬季大空间送热风效果不佳的辅助措施。

（2）低温地板辐射供暖　辐射供暖是指通过提升围护结构内表面中一个或多个的表面温度，形成热辐射面，再通过辐射面以辐射和对流的传热方式向室内供暖。

辐射供暖的种类与形式是按照辐射体表面温度不同区分的，当辐射表面温度小于80℃时，称为低温辐射供暖。低温辐射供暖的结构形式是把加热管（或其他发热体）埋设在建筑构件内而形成散热面。当辐射供暖温度为80~200℃，称为中温辐射供暖。中温辐射供暖通常是用钢板或小管径的钢管制成矩形块状或带状散热板。当辐射体表面温度高于500℃时，称为高温辐射供暖。燃气红外辐射器、电红外线辐射器等，均为高温辐射散热设备。

辐射供暖的热媒可用热水、蒸汽、空气、电、可燃气体或液体（如人工煤气、天然气、液化石油气等）。根据所用热媒的不同，辐射供暖可分为如下几种方式：

低温热水式：热媒水温度低于100℃（民用建筑的供水温度不大于60℃）；

高温热水式：热媒水温度等于或高于100℃；

蒸汽式：热媒为高压或低压蒸汽；

热风式：以烟气或加热后的空气作为热媒；

电热式：以电热元件加热特定表面或直接发热；

燃气式：通过燃烧可燃气体或液体经特制的辐射器发射红外线。

目前，应用最广的是低温热水地板辐射供暖结构如图3-4所示。

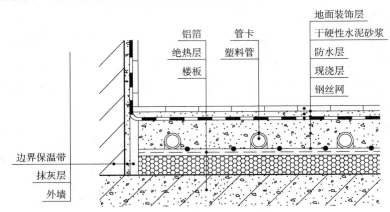

图3-4 低温热水地板辐射供暖结构图

低温辐射供暖的散热面是与建筑构件合为一体的，根据其安装位置的不同分为顶棚式、地板式、墙壁式、踢脚板式等；根据其构造不同又分为埋管式、风道式或组合式。

低温热水地板辐射供暖除具有地板辐射供暖舒适性强、节能、可方便实现、便于住户二次装修等特点外，还可以有效地利用低温热源如太阳能、地热、供暖和空调系统的回水、工业与城市余热和废热等。

目前常用的低温热水地板辐射供暖是以低温热水（≤60℃）为热媒，采用预埋在地面混凝土垫层内。地面结构一般由结构层（楼板或土壤）、绝热层（上部敷设按一定管间距固定的加热管）、填充层、防水层、防潮层和地面层（如大理石、瓷砖、木地板等）组成。

绝热层主要用来控制热量传递方向，填充层用来埋置保护加热管并使地面温度均匀，地面层指完成的建筑地面。楼板基面比较平整时，可省略找平层，在结构层上直接铺设绝热层。当工程允许地面按双向散热进行设计时，可不设绝热层。直接与室外空气或不供暖房间接触的楼板、外墙内侧周边，也必须设绝热层。与土壤相邻的地面，必须设绝热层，并且绝热层下部应设防潮层。对于潮湿房间如卫生间、厨房和游泳池等，在填充层上应设置防水层。为增强绝热板材的整体强度，并便于安装和固定加热管，有时在绝热层上还敷设玻璃布基铝箔保护层和固定加热管的低碳钢丝网。绝热层的材料宜采用聚苯乙烯泡沫塑料板。

智韵大厦项目指挥中心入口大厅、办公楼首层大堂等大空间区域另外设置一套地热供暖系统，作为冬季大空间送热风效果不佳的辅助。1~3#及4#楼首层大堂设置地板辐射采暖+全空气空调系统，过渡季采用全新风运行，新风量占比为70%。

4. 独立恒温恒湿空调系统设计

恒温恒湿空调系统是指对温度、湿度和洁净度都有严格要求的专用空调系统。随着社会的发展，恒温恒湿空调系统在很多领域得到了广泛的应用，需求量也在不断增加。

恒温恒湿空调冷热源的容量往往不仅仅由空调负荷所决定，在很大程度上取决于选择何种空气处理过程和调节空间的换气次数。在恒温恒湿空调系统中，精确地控制手段是必不可少的。

与普通舒适型空调不同，一般被调空间内布置温湿度探头，探头采集到的温度信号送至控制温度的调节器（T-PID），温度调节器再根据设定的目标温度值处理得到控制信号，输出到加热器控制其电加热量，使空间温度达到设定值。探头采集到的空间相对湿度信号送至控制相对湿度的调节器，相对湿度调节器再根据设定的目标对相对湿度值处理得到控制信号，输出到电加热加湿器，从而控制加湿量，使被调空间达到设定的湿度参数。

项目 4#楼三四层数据机房设置独立的恒温恒湿空调系统，恒温恒湿空调室外机设置在食堂三层屋面。独立恒温恒湿空调系统采用两套独立的系统分别控制室内的温度和湿度，避免了常规空调系统中温湿度耦合处理所带来的能源过度输入。

5. 干式地板辐射供暖+分体空调设计

地板辐射供暖的发展已经比较成熟，常规的低温地板辐射供暖按照形式可分为湿式和干式两种。架空地板辐射供暖又称干式地板辐射供暖，其结构示意如图 3-5 所示。

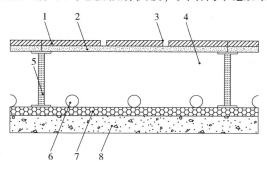

图 3-5　架空干式地板辐射供暖结构图

1—地板　2—龙骨　3—圆孔　4—空气夹层　5—支架　6—盘管　7—保温层　8—楼板层

干式地板辐射供暖系统与湿式系统的主要差别在于，干式系统在盘管上方不铺设填充层而是将加热盘管直接放置于保温层和地板之间的空气夹层中。

干式系统是目前地板辐射供暖中一种较新的方式，其特点是盘管直接置于夹层空气中，其周围不铺设填充层，可有效减轻由于盘管受热膨胀转化成内应力，降低了垫层开裂的可能性；该系统无混凝土回填，重量轻，降低了结构层的荷载；此外由于保温层厚度的增加，减小了热量的向下传递，提高了系统的热效率；同时该系统还具有安装维修方便、占用空间小、升温快、更节能，以及系统安装、维修和控制等工序上便于操作等优点；但由于其没有混凝土蓄热回填，故干式地暖的蓄热能力不及湿式地暖。

智韵大厦项目干式地板辐射供暖结合分散式分体空调设备，可以实现冬夏季的供暖与制冷。

干式地板辐射供暖是一种新型的辐射地板采暖形式，结构样式非常多。目前，常见的两种干式地板辐射供暖是铝板干式地板辐射供暖和蓄热干式地板辐射供暖。

分体空调设备可以放在房间内，也可以安装在空调机房内；机房面积较小，层高要低；系统小，风管短，各个风口风量的调节比较容易达到均匀；直接放在室内时，可接送风管，也设有回风管；各空调房之间不会互相污染、串声；发生火灾时也不会通过风管蔓延，对建筑防火有利；安装简单，施工量小；更换维修方便，不影响建筑物整体使用；能量消费计量方便。

项目公寓、商业部分冬季设置集中供热，1~3#、5~8#楼出售型商业办公及自持型人才办公冬季设置集中供热，末端为干式地板辐射供暖，夏季采用分体空调。辐射供暖末端作为显热调节的设备，处于干工况运行，可大幅度减少潮湿表面，杜绝了细菌滋生的隐患。与常规空调系统相比，所需的冷源供水温度可提高 8~12℃，机组能效大幅度提高。

3.2.3 输配系统设计

根据常用的输送介质，输配系统可分为水系统和风系统两类，对应的输送设备分别为水泵和风机。作为连接源侧与末端的中间环节，输配系统在空调系统中的地位至关重要，其能耗也是不可忽视的重要组成部分。设计规范、节能标准以及绿色建筑评价体系中对水泵、风机的分级能效、系统耗电输冷（热）比、单位风量耗功率都提出了限制要求。

对于水系统输配，智韵大厦项目设计中采用高效水泵，以降低水系统输送能耗。水泵作为建筑冷热源输送系统中的核心设备，运行是否在高效区、水泵本身效率高低都直接影响运行能耗。在设计中应采用国家认定和推广的高效节能产品，并针对输送管网的设置、水阻力计算、平衡措施进行优化。项目采用水泵的能效限定值和节能评价值计算，以及水系统耗电输热比分别见表 3-15、表 3-16。

表 3-15　水泵的能效限定值和节能评价值计算

名称	流量/ (m³/s)	扬程/ m	单级 (水柱) 扬程/m	转速/ (r/min)	比转速/ (r/min)	流量/ (m³/L)	基准效率（%）	修正值（%）	规定点效率（%）	能效限定值（%）	节能评价值（%）	达到设计值（%）
给水加压1区水泵	36	65	13	2900	154.61	10	66.86	0	66.86	63.86	68.86	70
给水加压2区水泵	10.8	95	14	2900	80.10	3	59.78	3.19	56.59	53.59	58.59	60
给水加压3区水泵	10.8	120	15	2900	144.32	3	67.32	0	67.32	64.32	69.32	70
中水加压1区水泵	19.8	65	13	2900	114.66	5.5	63.43	0.27	63.16	60.16	65.16	67

（续）

名称	流量/（m³/s）	扬程/m	单级（水柱）扬程/m	转速/（r/min）	比转速/（r/min）	流量/（m³/L）	基准效率（%）	修正值（%）	规定点效率（%）	能效限定值（%）	节能评价值（%）	达到设计值（%）
中水加压2区水泵	12.6	95	14	2900	86.52	3.5	60.65	2.35	58.3	55.3	60.3	61
中水加压3区水泵	10.8	120	15	2900	144.32	3	67.32	0	67.32	64.32	69.32	70

表 3-16　空调冷热水系统耗电输热比

设备编号	水泵设计流量/（m³/h）	水泵设计扬程/m	设计热负荷/kW	设计工作点效率	冷热水系统EHR-h	计算系数 A	计算系数 B	最不利环路长度/m	计算系数 α	供回水温差 Δt/℃	限值	是否满足耗电输热比	降低比例（%）
CP-B-2-1	365	32	2109	0.89	0.0192	0.0037	21	400	0.02	5	0.0217	满足	11.40
CP-B-2-2	185	32	2109	0.89	0.0098	0.0037	21	400	0.02	5	0.0217	满足	55.09

对于风系统输送过程，智韵大厦项目采用高效风机，以降低风系统输配能耗。项目使用了一定数量的通风设备，如空调系统送风、回风，机械通风系统的排风（烟）机、进风机，风机效率直接影响建筑运行的整体能耗。

国家公共建筑节能设计标准提出了风量大于 $10000\mathrm{m^3/h}$ 风系统单位风量的耗功率 W_S 最大值限制，W_S 是风输配系统的主要节能指标，也是绿色建筑、节能评审中的必查项目。

智韵大厦项目设计中先根据适应场景、风速和经验进行设计、水力计算、选定风机或空调机组，再复核 W_S 是否满足，不满足则再进行优化调整，经反复优化多次后最终确定。单位风量耗功率具体计算公式如下所示。

$$W_S = P/(3600 \times \eta_{CD} \times \eta_F) \tag{3-5}$$

式中　　W_S——单位风量耗功率，$\mathrm{W/(m^3 \cdot h)}$；

　　　　P——风机风压值，Pa；

　　　　η_{CD}——电动机转动效率，取 0.855；

　　　　η_F——风机效率，%。

项目进一步具体分析 W_S，通过减小系统阻力损失，改善空调系统的设计方法。下面以 1~8#楼机械通风的新风系统为例，耗功率的计算见表 3-17。

表 3-17　新风系统耗功率计算表

设备编号		风机全压值/Pa	效率	耗功率 W_s
1~3#楼	XF-01	350	0.75	0.152
	XF-02	300	0.75	0.130
	XF-03	240	0.75	0.104

（续）

设备编号		风机全压值/Pa	效率	耗功率 W_s
4#楼	XF-01	500	0.75	0.217
	XF-02	500	0.75	0.217
	XF-03	240	0.75	0.104
5~8#楼	XF-01	350	0.75	0.152
	XF-02	450	0.75	0.195
	XF-03	450	0.75	0.195

同时，设计中保证了风机工作的稳定性和经济性，对于有噪声要求的通风系统选用了转速低的风机，并根据通风系统噪声和振动的产生及传播方式，采取了相应的消声和减振措施。

3.2.4 暖通空调及防火排烟设计

建筑物内烟气流动大体上基于两种因素，一是在有火焰的房间及其附近，烟气由于燃烧而产生热膨胀和浮力流动。另一种是因外部风力或在固有的热压作用下形成的比较强的对流气流，它对火灾后产生的大量烟气发生影响，促使其扩散而形成比较强烈的气流。

这种建筑物内烟气流动状态以及控制烟气流动的设计和计算，是根据自然通风的原理进行分析和考虑的。良好的防火排烟设施与建筑设计和空调设计有着密切关系。这两方面的正确规划是做好建筑物防火排烟工程的基本手段。

空调系统里的防火防烟装置、防火分区或者防烟分区与空调系统应尽可能统一起来，并且不使用空调系统（风道）穿越分区，这是最理想的状态，但实际上设置风道时却常需要多处穿过防火分区或者是防烟分区。为此，在系统上要设置防火、防烟风门等。

在防烟系统设计过程中，需结合不同区域特点来对机械加压送风和自然通风两种防烟形式进行合理选择与设计。在排烟系统设计过程中，要结合实际情况确定排烟管道井的位置，这样不仅可以降低对建筑结构产生的不利影响，而且还方便排烟管道的安装，以便更好地发挥排烟系统的性能。此外，为了避免排烟管道由于输送高温烟气而导致吊顶中的可燃物被引燃，排烟管道本身需要有一定的耐火隔热性，故设计时应合理选择排烟管道隔热层的材质、厚度。

3.2.5 设备调节与控制

调节与控制是保障项目稳定、节能运行的必要且行之有效的手段。

1. 空调水系统调节与控制

空调水系统包括冷、热水系统及冷却水系统、冷凝水系统。

冷、热水系统：空调冷、热源制取的冷、热水要通过管道输送到空调机或风机盘或诱导器等末端处，输送冷、热水的系统称为冷、热水系统。

冷却水系统：空调系统中专为冷水机组冷凝器、压缩机或水冷直接蒸发式整体空调机组提供冷却水的系统称为冷却水系统。

冷凝水系统：空调系统中为空气处理设备排除空气去湿过程中的冷凝水而设置的水系统称为冷凝水系统。

对于空调末端的水系统来说，最优的运行系统是水力平衡系统，水力平衡系统包括两方面：流量平衡和压力平衡。前者指的是在任何情况下，系统供水和末端的流量均能满足载冷量的要求。压力平衡指系统压力在任何情况下均满足供水要求，不在任何阀门和管路上造成额外的压力降。水力平衡有两种类型，静态水力平衡和动态水力平衡，静态水力平衡多见于定流量系统，是指水力系统结构没有任何变化时，系统始终处于平衡状态。动态平衡多用于变流量系统，当水力系统中的阀门投切或者比例调节时，系统仍能维持平衡状态。

变流量系统调节一般又分为一次泵变流量调节、二次泵变流量调节两种方式。

（1）一次泵变流量调节　一次泵变流量调节是指冷源侧与负荷侧同为变流量且采用同一个变频泵。要求具有可变流量的冷水机组和水泵台数不必一一对应，一次泵变流量调节是冷水系统最佳的配置方式，但对冷水机组的要求较高，控制系统复杂。在设计状态下，空调系统所有设备都为满负荷运行，且空调末端均装有二通阀或者三通阀，用于开启和关闭流过末端盘管的冷却水。此时压差旁通阀的开度为零，旁通水流量为零。用户侧供、回水压差，为压差控制器两端接口处的控制器的设定压差值。在末端负荷变小时，末端的两通阀会相应关小，供回水压差会随之提高，而超过设定值时旁通阀在压差控制器的作用下将会自动打开。由于旁通阀与用户侧水系统并联运行，它的开度的增大会减小总供水压差直至设定值。部分冷却水流经旁通阀后直接进入回水管，与经过用户侧的回水混合后再进入水泵和制冷机组，如图 3-6 所示。

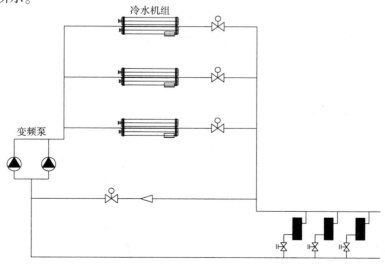

图 3-6　一次泵变流量调节

（2）二次泵变流量调节　二次泵变流量调节是指冷源侧定流量，负荷侧变流量，负荷侧采用变频泵。一次泵的扬程要克服冷水机组蒸发器到平衡管的一次环路阻力；二次泵的扬程要克服从平衡管到负荷侧的二次环路阻力。系统中有两套水泵系统，分为一级泵与二级，一级泵随冷水机组连锁启停，二级泵则根据负荷变化通过台数启停控制或者改变转速来调节负荷侧的循环水量。在二级泵与初级泵的总供水量不同时，差出的部分会流经平衡管，使得机组与用户侧水量控制不同步的问题得以解决。通过二级泵的运行台数及压差旁通阀来进行用户侧供水量的调节（其运行方式与一次泵系统相同），如图3-7所示。

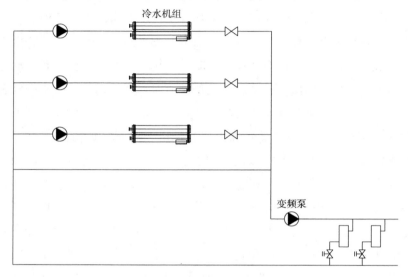

图 3-7　二次泵变流量调节

由于一次泵变流量调节与二次泵变流量调节相比，减少了一套泵系统，较为简单，易实现优化控制，投资和占地面积相应较小，并且从能耗角度分析，节能效果更为明显，所以现今使用较多的变流量系统为一次泵变流量调节系统。

智韵大厦项目对空调水系统的优化亦采用变流量调节与控制，冷水机组采用变流量调节方式，冷水循环泵变流量运行；同时换热系统的循环水泵采用变流量控制，也采用变频定压补水泵。

（3）水泵的变频技术　变频调速是通过改变电动机定子供电频率以达到改变电动机的转速的目的，变频技术和微电子技术的结合构成了变频器的核心。空调水系统中水泵变频技术的应用，对水泵实施变频调速控制，使其根据负荷的变化不断调节电动机的转速，与定频技术相比，减少耗电，起到了节能效果。

智韵大厦项目设计中的冷冻水泵和冷却水泵为变频水泵，水循环采用了自动变频控制，降低了部分负荷时的运行电耗，水泵变频流量对应制冷主机的定温差变流量（部分负荷运行工况）。空气处理机组和新风机组回水管上采用比例积分电动二通阀和动态压差平衡阀，风机盘管的回水管采用电动二通阀，总回水管之间设置旁通管及压差控制的电动二通阀。变频水泵的变频范围满足了系统安全运行要求和系统流量、扬程变化的要求。同时，项目管网输配变频变流量可以减少热（冷）媒的输送能耗。

2. 空调变风量调节与控制

空调变风量控制是通过改变送入室内的送风量来实现对室内温度调节的全空气系统。建筑物内区需常年供冷，或在同一个空调系统中，各空调区的冷、热负荷差异和变化大，空调系统全年大部分时间里是在部分负荷下运行，且需要分别控制各空调区参数时，应采用变风量空调系统。变风量空调系统的基本构成如图 3-8 所示。

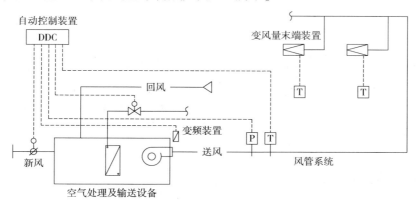

图 3-8　变风量空调系统的基本构成

空调变风量是通过改变送入房间的风量来适应负荷的变化，所以风量的减少带来了风机能耗的降低，区别于常规的定风量或风机盘管系统。在每一个系统中的不同朝向房间，它的空调负荷的峰值通常出现在一天的不同时间，因此变风量空调器的容量不必按全部负荷峰值叠加。

空调变风量控制按照控制原理可以分为压力相关型控制和压力无关型控制，按照控制方式可以分为定静压控制、变静压控制、总风量法以及 TRAV（Terminal Regulated Air Volume）控制法 。

定静压控制法是指在送风系统管网的适当位置（常在离风机的 2/3 处）设置静压传感器，在保持该点静压一定值的前提下，通过调节风机受电频率来改变空调系统的送风量。

变静压控制法是指在保持每个 VAV 末端的阀门开度在 85%～100% 之间，在使阀门尽可能全开和风管中静压尽可能减小的前提下，通过调节风机受电频率来改变空调系统的送风量。

总风量控制法是根据风机的相似律，在空调系统阻力系数不发生变化时，总风量 G 和风机转速 N 成正比。

TRAV 控制法也是一种通过调节风量来创造舒适热环境的变风量系统，是基于末端所有各种传感器的数值来通盘考虑风机转速或入口导叶的开度，实时控制风量的变化。支持 TRAV 系统的变风量箱控制器，要配置进风流量、室温测量、房间有无人员停留和窗户是否打开等传感元件。

项目设计中采用变风量控制，室内送风量可按需提供，部分负荷时，通过风机变频运行，可相应减少送风量，节约了动力消耗。

3. 信息数据和分区控制

智韵大厦项目中设备的运行实行信息数据和分区控制的手段，采用分布式网络结构控制系统，由上位计算机、现场控制器 DDC 和现场监测设备运行，并开放接口集成于智能化服务平台之上，实现数据通信，有效降低了建筑采暖、空调、照明以及电梯等设备对常规能源的消耗，取得了显著的节能减排效果。

4. 分级计量

智韵大厦项目工程设置用水量远传计量系统，能分类、分级记录，统计分析各种用水情况，利用计量数据进行管网漏损自动检测、分析与整改，管道漏损率低于 5%。设置水质在线监测系统，监测生活饮用水、非传统水源、空调冷却水的水质指标，记录并保存水质监测结果，且能随时供用户查询。

3.2.6 暖通空调系统节能计算

1. 设置能耗监测系统

本项目建筑规模大，房间类型多，建筑中的空调、通风、照明、电梯等设备的使用复杂；主要功能空间以及卫生间、机房等辅助空间舒适度要求不同，各空间使用时间不同，如此等等使得建筑在设备控制方面具有了差异。庞大的设备用量与复杂的控制带来了高能耗与人工劳动量，为了提高设备利用率，加强设备状态的监控，智韵大厦项目工程设置了一套能耗监测系统。能耗监测系统能按上一级数据中心要求自动、定时发送能耗数据信息。在热力入口处设置热量表，自建热（冷）源及换热（冷）站设置热（冷）量表。冷热源机组分别设置独立群控，冷水机组变流量一级泵系统，离心式机组为变频机组，机组可适应水量能在 30%~100% 区间调节。同时，高压供电时，在高压侧设置能耗计量装置，在低压侧设置低压总能耗计量装置，分项设置能耗计量装置。

2. 利用能耗软件进行节能分析

系统能耗的大小主要通过两个方面来反映：一是，空调系统使用侧能耗，用系统的实时冷热负荷大小来衡量；二是，空调系统供应侧能耗，即满足使用侧需求所消耗的能量，表现为运行时各设备的实际功率。为全面细致地进行暖通空调系统的能耗分析及为后续的优化工作提供依据。智韵大厦项目以 CAD 为平台，由能耗计算软件 BESI2023 计算并输出系统能耗。能耗计算 BESI 内置 DOE2 内核，支持从《建筑能效标识技术标准》到《绿色建筑评价标准》要求的节能率。本项目充分考虑工程实际需求，从冷热源、输配到末端风机，覆盖了常见暖通设备的能耗计算；并支持灵活的采暖供冷期、系统划分、运行策略设置等功能。

首先确定天津地区气象数据（图 3-9），然后建立参照建筑，参照建筑的热工参数、采暖空调形式及设备满足现行国家节能标准要求。根据现行行业标准《民用建筑绿色性能计算标准》（JGJ/T 449）的相关规定，分别计算设计建筑及参照建筑的供暖空调系统能耗，计算其节能率并进行得分判定。

建筑综合节能率=（参照建筑全年采暖空调照明耗电量-设计建筑全年采暖空调照明耗电量）／参照建筑全年采暖空调照明耗电量×100%

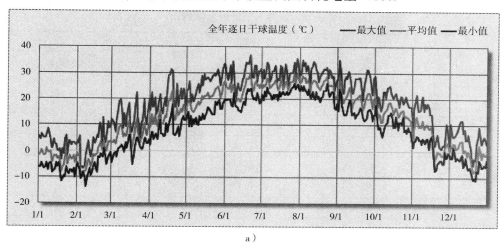

a）

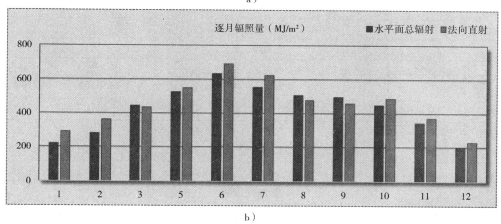

b）

图 3-9　天津地区气象数据

a）逐日干球温度　b）逐月辐照量表

3. 冷热源节能计算及分析

空调冷热源是空调系统的耗能大户，据统计，冷热源在整个空调系统中的能耗要占到整个空调系统能耗的 40% 以上，如何对冷热源进行节能降耗的控制和管理是实现空调系统的能量最优管理的关键。

衡量冷水机组的能耗优劣可以使用输入功率和输出冷量的比率这一指标，该指标为空调机组性能系数 COP（Coefficient of Performance）。COP 值越高表示输出单位功率的冷量所需要消耗的输入功率越少，也就是越节能。同理，衡量多热（冷）源系统的能耗优劣也可以使用同样的方法。

智韵大厦项目采用多主机（冷热源）系统能量管理。一是采用 3 台永磁同步变频高效冷热源设备系统（离心式冷水机组 2 台，螺杆式冷水机组 1 台）；二是选用市政热源供暖系统，设置了二次换热站；三是部分区域选用分体空调设计。如何在 3 类能源系统之间进行最优的能量分配也是系统最优能量管理的重点和难点。制冷、供暖、空调风机系统能耗及能效比分别见表 3-18～表 3-20。

表 3-18　制冷系统能耗及能效比

冷水机组					
名称	类型	额定耗电量/kW	额定制冷量/kW	额定性能系数（COP）	台数
冷水机组 1	水冷-离心式冷水机组	341	2110	6.19	2
冷水机组 2	水冷-螺杆式冷水机组	180	1073	5.96	1

水泵系统						
类型	调节	流量/（m³/h）	扬程/m	设计工作效率（%）	输入功率/kW	冷却塔耗电比/（kWh/m³）	台数
冷却水泵	变频	430	32	87	49.5	0.03	2
冷冻水泵	变频	365	32	89	41.1	—	2
冷却水泵	变频	235	32	87	27.1	0.03	1
冷冻水泵	变频	185	32	89	20.8	—	1

运行工况						
负荷率（%）	机组制冷量/kW	机组功率/kW	性能系数COP	冷却水泵功率/kW	冷冻水泵功率/kW	冷却塔功率/kW
25	1323.3	169.8	7.79	17.3	14.4	8.1
50	2646.5	371.8	7.12	51.4	41.6	16.6
75	3969.8	588.6	6.74	88.5	73.5	24.3
100	5293	861.8	6.14	126.1	103	32.9

冷水机组能耗							
负荷区间（%）	区间负荷/kWh	运行时长/h	性能系数COP	制冷机组能耗/kWh	冷却水泵能耗/kWh	冷冻水泵能耗/kWh	冷却塔能耗/kWh
0～25	139030	183	7.79	17840	3166	2635	1482
25～50	1154490	603	7.12	162191	30994	25085	10010
50～75	16851	6	6.74	2499	531	441	146
75～100	0	0	6.14	0	0	0	0
>100	0	0	—	0	0	0	0
合计	1310371	792	—	182530	34691	28161	11638

多联机/单元式空调能耗			
系统	能效比	耗冷量/kWh	耗电量/kWh
分体+地暖 1	5.50	657321	119513

（续）

多联机/单元式空调能耗			
系统	能效比	耗冷量/kWh	耗电量/kWh
分体+地暖 2	5.50	285049	51827
分体空调	4.50［全年能源消耗效率（APF）］	90760	20169
数据机房	5.50	109174	19850
合计	5.40	1142304	211359

表 3-19　供暖系统能耗及能效比

市政热力系统能耗						
外网热输送效率	耗电输热比 EHR	累计热负荷/kWh	热/电转换系数（kWh/kWh）	热源折合电耗/kWh	供暖水泵电耗/kWh	合计电耗/kWh
0.92	0.00390	716190	2.93	256252	2693	258944

多联机/单元式热泵能耗			
系统	能效比	耗热量/kWh	耗电量/kWh
分体空调	4.50［全年能源消耗效率（APF）］	25344	5632

表 3-20　空调风机能耗及能效比

独立新排风				
系统编号	新风量/（m³/h）	单位风量耗功率/［W/(m³/h)］	风机功率/W	运行时长/h	新风电耗/kWh
风盘+新风	41365	0.2	8273	1788	14792
风盘+新风 2	48344	0.2	9669	1788	17288
风盘+新风 3	8616	0.2	1723	1788	3081
合计					35161

独立新排风					
系统编号	排风量/（m³/h）	排风比	单位风量耗功率/［W/(m³/h)］	风机功率/W	运行时长/h	排风电耗/kWh
风盘+新风	33092	0.8	0.2	6618	1788	11834
风盘+新风 2	38676	0.8	0.2	7735	1788	13830
风盘+新风 3	6893	0.8	0.2	1379	1788	2465
合计						28129

风机盘管			
系统编号	总功率/W	同时使用系数	运行时长/h	风机盘管电耗/kWh
风盘+新风	16549	0.6	1680	16691
风盘+新风 2	18792	0.6	1751	19743
风盘+新风 3	4860	0.6	1776	5182
合计				41616

（续）

全空气机组								
系统编号	风机	风量/(m^3/h)	最小送风比	单位风量耗功率/$[W/(m^3/h)]$	风机功率/W	运行时长/h	风机电耗/kWh	热回收设备电耗/kWh
全空气 24h	送风	25000	0.3	0.2	5000	1715	1269	0
	排风	3978		0.2	796	1715	202	
合计							1471	0
负荷专项								
分类	围护传热	室内得热	窗日射	新风/渗透	热回收	合计		
供暖需求/(kWh/m^2)	−9.62	7.83	2.46	−13.35	0.00	−12.68		
供冷需求/(kWh/m^2)	11.73	16.12	4.62	10.95	0.00	43.42		

根据现行行业标准《民用建筑绿色性能计算标准》（JGJ/T 449）的相关规定，计算设计建筑及参照建筑综合（含照明）能耗，其节能率为 11.46%，见表 3-21，因此"建筑能耗相比国家现行有关建筑节能标准降低 10%，得 5 分"。

表 3-21 项目节能率

能耗分类	能耗子类	设计建筑/(kWh/m^2)	参照建筑/(kWh/m^2)	节能率（%）
建筑负荷	耗冷量	43.42	43.91	0.07%
	耗热量	12.68	12.22	
	冷热合计	56.10	56.13	
热回收负荷	供冷	0.00	—	—
	供暖	0.00	—	
	冷热合计	0.00	—	
供冷电耗	中央冷源	3.23	4.37	19.67%
	冷却水泵	0.61	0.85	
	冷冻水泵	0.50	0.80	
	冷却塔	0.21	0.20	
	多联机/单元式空调	3.74	4.10	
	供冷合计	8.29	10.32	
供暖电耗	中央热源	4.54	4.37	−3.35%
	供暖水泵	0.05	0.05	
	热源侧水泵	0.00	—	
	多联机/单元式热泵	0.10	0.11	
	供暖合计	4.69	4.53	

（续）

能耗分类	能耗子类	设计建筑/ （kWh/m²）	参照建筑/ （kWh/m²）	节能率 （%）
空调风机电耗	独立新排风	1.12	1.34	19.75%
	风机盘管	0.74	0.74	
	多联机室内机	0.00	0.00	
	全空气系统	0.03	0.26	
	风机合计	1.89	2.34	
采暖空调电耗		14.86	17.20	13.61%
照明电耗		15.68	17.29	9.32%
建筑综合电耗		30.54	34.49	11.46%

3.3　室外风环境设计

风对建筑室内外环境及人员舒适度都有重要的影响。一个完善的建筑规划设计应能够充分利用自然通风，改善区域的微气候，周密的规划布局以及合理的建筑空间设计可以创造良好的风环境。自然通风同时也是一种最简便和容易实现的节能技术，其主要作用包括提供新鲜空气，生理降温，释放建筑结构中蓄存的热量，通过改善通风条件提高建筑品质和使用人员的舒适度。

建筑群和构筑物会显著改变近地面风的流程。近地风的速度、压力和方向与建筑物的外形、尺度、建筑物之间的相对位置及周围地形地貌有着复杂的关系。在有较强来流时，建筑物周围某些地区会出现强风，如果强风出现在建筑物入口、通道、露台等行人频繁活动的区域，则可能使行人感到不适，甚至形成灾害。在一定气候条件下，通风会影响城市环境的小气候和环境的舒适性。一旦遇到强风，往往会对建筑和行人造成灾害，比如建筑幕墙、窗扇、雨棚等构筑物可能受到破坏，成为安全隐患。因此，需要分析建筑之间的位置与室外风环境的影响。

3.3.1　自然通风设计

室外风环境影响室内风环境，特别是对建筑防风和自然通风有着决定性影响。冬季建筑防风，可有效减少气流渗透，降低采暖能耗。而夏季与过渡季节的自然通风则能有效降低空调能耗。通风时优先考虑采用自然通风来消除建筑物余热和降低污染物浓度。当自然通风不能满足要求时，设置机械通风系统或两者相结合的混合式通风系统。

对室外风环境的利用应该因时、因地制宜，智韵大厦项目在实施自然通风设计时采取了以下措施。

1. 进行合理建筑布局，有组织控制自然通风

风是太阳能的一种转换形式，从物理学上说它是一种矢量，既有速度又有方向，一个地区不同季节的风向分布可用风玫瑰图表示。应按照常年主导风向的方向进行建筑总体布局。中国绝大部分地区的夏季主导风向是南向或东南向，冬季主导风向是西北向或北向。自然通风主要解决春季、秋季、夏季的通风，因此尽管各地的情况可能有所不同，但中国绝大部分建筑都以南向或者东南向作为最佳朝向。对于冬季的寒风，主要通过景观、建筑物等进行遮挡处理。

项目通过了解建筑物所在地的气候特点、主导风向和环境状况，对建筑物进行风环境研究，总结了建筑总体布局上的一些原则，见表3-22。

表3-22　建筑总体布局与自然通风

项目	主要原则
群体布局	错列式、斜列式比规整的行列式、内院式更加有利于自然通风
朝向布局	建筑物的主立面一般以一定的夹角迎向春秋季、夏季的主导风向
景观布置	应该考虑植物、草坪、水面对自然通风的影响。如果在进风口附近有草坪、水面、绿化，则有利于湿润空气和降低气流的温度，有利于自然通风
高度布局	一般采用"前低后高""高低错落"的原则，以避免较高建筑物对较低建筑物造成挡风
高度与长度	建筑高度≤24m时，其最大连续展开面宽的投影不应大于80m 24m<建筑高度<60m时，其最大连续展开面宽的投影不应大于70m 建筑高度>60m时，其最大连续展开面宽的投影不应大于60m 不同建筑高度组成的连续建筑，其最大连续展开面宽的投影上限值按较高建筑高度执行

项目在规划设计中采用了高低落错式布局方式，并利用了建筑周围绿化进行导风的方法，沿来流风方向在单体建筑两侧的前、后方设置绿化屏障，使得来流风受到阻挡后可以进入室内，以及利用低矮灌木顶部较高空气温度和高大乔木树荫下较低空气温度形成的热压差，将自然风导向室内的方法，如图3-10所示。

依据《标准》2019版对于场地内风环境的评价，智韵大厦项目"场地内风环境有利于室外行

图3-10　建筑总体布局

走、活动舒适和建筑的自然通风"，自评得分 7 分，见表 3-23。

表 3-23　场地内风环境自评

序号	评价内容	评价分值（分）	自评得分（分）
1	建筑物周围人行区距地高 1.5m 处风速小于 5m/s，户外休息区、儿童娱乐区风速小于 2m/s，且室外风速放大系数小于 2	3	0
	除迎风第一排建筑外，建筑迎风面与背风面表面风压差不大于 5Pa	2	2
2	场地内人活动区不出现涡旋或无风区	3	3
	50% 以上可开启外窗，室内外表面的风压差大于 0.5Pa	2	2
	合计	10	7

2. 利用自然通风原理，合理设计气流通道

建筑内部自然通风的动力主要有风压和热压。风压是由于当气流与障碍物相遇时，迎风面气流受阻，动压降低，静压增高；侧面和其背风面由于产生局部涡流，静压降低，和远处未受干扰的气流相比，这种静压的升高或降低统称为风压。当入风口与出风口水平高度相同时，自然通风的动力主要是风压。风压通风主要适合于室外环境风速比较大，室外温度低于室内温度，建筑物进深不是很大的情况。例如，我国寒冷地区建筑大部分为南北向，且一个单元内设计有南、北两个朝向的外窗，夏季室内容易获得"穿堂风"，如图 3-11 所示。

自然通风中的热压是由于建筑温差引起的空气密度差导致建筑开口内外形成的压差。热压与温差或建筑高度差有关，由此引进的自生风力较大，所以对建筑的影响十分明显。建筑在热压作用下室外冷空气由下部进入，被室内热源加热后渗入走廊或楼梯间，形成上升气流，最后由建筑上部排出，如图 3-12 所示。热压通风主要适合于室外环境风速不大，或建筑物进深较大、私密性要求较高的情况。

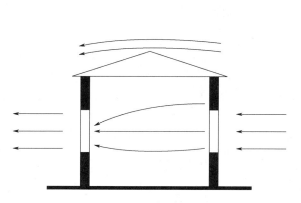

图 3-11　利用风压的通风示意图

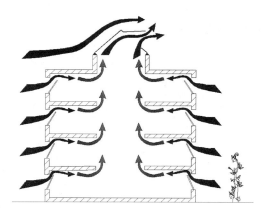

图 3-12　利用热压的通风示意图

图中利用建筑顶层的风帽提高出风口的高度，加强通风效果；并利用建筑内部的中庭作为风道起到依靠热压"拔风"的烟囱效应。烟囱效应的优点在于它不依赖于风就可以进行，但它的缺点是力量比较弱，不能使空气快速流动。为了增加它的效果，通风口应尽可能地大，彼此之间的垂直距离应该尽可能地远，尽量使空气畅通无阻地从较低的通风口向较高的通风口流动。另外，现代建筑通风设计中一般通过风压和热压共同作用来增加通风效果。

本项目设计中利用建筑空间、楼梯间、通风竖井、太阳能设备等组织热压通风，影响热压通风效果的因素及采取的措施见表3-24。

表 3-24   影响热压通风效果的因素及采取的措施一览表

影响因素	可能采取的设计措施	可能使用的物件
出风口与进风口之间的高差	进风口设置在底层的顶棚附近；出风口设置在顶楼的顶棚附近	高大的中庭空间、楼梯间、烟囱等
出风口与进风口之间的温差	通过水体或其他冷源降低进风口空气的温度，通过加热设施加热出风口处的空气温度	土壤、水体、绿化等；通过相关设备收集的太阳能等

3. 利用建筑开窗，加强自然通风

建筑物的开窗面积和方式涉及日照健康、天然采光、自然通风、建筑立面效果和节能效果等诸多因素，需要建筑师综合考虑。依照《民用建筑供暖通风与空气调节设计规范》（GB 50736），设计方案是否具备有效的通风条件及开口位置是重要的技术指标。

通风设计中注重利用自然通风的布置形式，合理地确定房屋开口部分的面积与位置、门窗的装置与开启方式、通风的构造措施等，注重穿堂风的形成。

（1）外窗的可开启面积   从节能的角度出发，可以通过窗墙面积比控制开窗面积；从通风的角度出发，可以通过设定外窗的可开启面积或开口面积确保通风效果。利用穿堂风进行自然通风的，其迎风面与夏季主导风向宜呈 60°~90°，且不应小于 45°，同时考虑可利用的春秋季风向，以充分利用自然通风。国家标准《民用建筑设计统一标准》（GB 50352）规定，建筑空间组织和门窗洞口设计应满足自然通风的要求，见表3-25。

表 3-25   采用自然通风的房间自然通风开口面积规定

房间名称	自然通风开口面积
卧室、起居室（厅）、明卫生间	直接自然通风开口面积不应小于该房间地板面积的 1/20
	当采用自然通风的房间外设置阳台时，阳台的自然通风开口面积不应小于采用自然通风的房间和阳台地板面积总和的 1/20
厨房	直接自然通风开口面积不应小于该房间地板面积的 1/10，并不得小于 0.60m²
	当厨房外设置阳台时，阳台的自然通风开口面积不应小于厨房和阳台地板面积总和的 1/10，并不得小于 0.60m²

（2）外窗的开启原则   建筑立面设计要结合建筑群整体的自然通风情况，研究如何开

窗，以保证良好的空气流动、空气品质、传热及舒适度等问题。因此，外窗设置涉及很多因素，表 3-26 总结了一些开窗的基本原则。

表 3-26　建筑开窗基本判断原则

项目	不同类型	基本规律
开口与风向	相对两面墙上开窗时	窗户与主导风向形成夹角较为有利
	相邻两面墙上开窗时	窗户与主导风向垂直较好
	仅在建筑一侧开窗时	窗户与主导风向形成夹角较为有利
开口尺寸	无法形成穿堂风时	窗户尺寸变化的影响不明显
	形成穿堂风时	进风口、出风口面积相等或接近时，自然通风的效果较好
		进风口、出风口面积不等时，室内平均风速取决于较小的开口
开口位置	平面位置	进风口、出风口在相对墙面时，宜相对错开设置
		进风口、出风口在单面或相邻墙面时宜加大二者之间的距离
	剖面位置	受到层高的限制，剖面方向的影响不大；建议适当降低窗台的高度（0.3~0.9m），有助于取得较好的室内通风效果
开启方式	平开窗	开启面积大，可以有导风作用
	旋转窗	开启面积大，可以有导风作用
	推拉窗	开启面积小，导风效果不明显
	悬窗	上悬窗有助于将风导向顶部；下悬窗有助于将风导向下部

同时，建筑构造及空间布局也应考虑自然通风的特点，除符合有关规定外，宜采用风环境模拟计算分析软件，对室内外空间及外窗设计等通风方案进行充分优化。

3.3.2　室外风环境模拟分析

智韵大厦项目在室外风环境模拟建模时，在不影响自然通风的前提下对项目场地模型做了部分简化，如非主要通风通道不作为计算区域等，同时保留了项目场地周围的基本建筑，以保证计算结果的准确性，建筑平面和立面模型如图 3-13 所示。

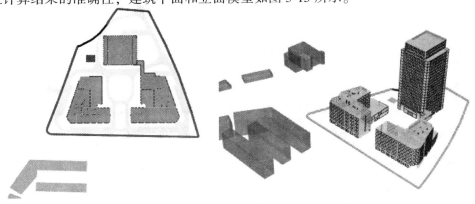

图 3-13　建筑平面和立面模型

项目环境参数设置所属区域为天津市，根据天津的气象特点，分析 4 种气象条件下的室外风环境模拟状况，见表 3-27。

表 3-27　项目室外风环境模拟工况

序号	季节	风速/（m/s）	风向	风向/（°）
1	冬季一	3. 90	N	90. 0
2	冬季二	4. 70	NNW	112. 5
3	夏季	1. 70	SSE	292. 5
4	过渡季	1. 90	SW	225. 0

室外环境风速是以蒲福氏风级为指标，不同的风力等级对人体有着不同的影响。同时，建筑立面的风压差是评价建筑室内通风效果的重要条件，压差越大对室内通风越有利。但如果压差过大，会造成建筑物的门窗和建筑外装饰物等破损、脱落。天津地区属于寒冷地区，建筑物应注意冬季保温、防寒要求，因此冬季建筑物前后风压差过大会加大冷风渗透，增加采暖能耗和室内不舒适感。项目利用"建筑通风 Vent2023"（绿建斯维尔）软件对场地内室外风环境进行模拟，具体分析内容下。

1. 评价标准

室外风环境模拟依据为《标准》2019 版中有关室外风环境的条目要求，具体内容见表 3-28。

表 3-28　相关室外风环境规则及评价

检查项	评价依据
评分项 8.2.8	场地内风环境有利于室外行走、活动舒适和建筑的自然通风，评价总分值为 10 分，并按下列规则分别评分并累计： 　　1. 在冬季典型风速和风向条件下，按下列规则分别评分并累计： 　　1）建筑物周围人行区距地高 1.5m 处风速小于 5m/s，户外休息区、儿童娱乐区风速小于 2m/s，且室外风速放大系数小于 2，得 3 分； 　　2）除迎风第一排建筑外，建筑迎风面与背风面表面风压差不超过 5Pa，得 2 分。 　　2. 在过渡季、夏季典型风速和风向条件下，按下列规则分别评分并累计： 　　1）场地内人活动区不出现涡旋或无风区，得 3 分； 　　2）50%以上可开启外窗室内外表面的风压差大于 0.5Pa，得 2 分

2. 计算原理

进行室外风场计算前，需要确定参与计算风场的大小，在流体力学中称为计算域，通常为一个包围建筑群的长方体或正方体。不同季节因风向不同，为了最大限度反映项目周围区域的风场特征，项目根据不同风向划定了冬、夏季以及过渡季工况风场不同的计算域。之后，进行普通网格、地面网格及附面层网格的划分，并确立边界条件，本项目入口边界条件主要包括不同工况下的风速和风向数据，其中入口风速采用下列梯度风：

$$v = v_R \left(\frac{z}{z_R} \right)^{\alpha} \tag{3-6}$$

式中　v——任何一点的平均风速，m/s；

　　　z——任何一点的高度，m；

　　　v_R——标准高度处的平均风速，《建筑结构荷载规范》（GB 50009—2012）规定自然风场的标准高度取 10m，此平均风速对应入口风设置的数值；

　　　z_R——标准高度值，m；

　　　α——地面粗糙度指数，本项目为 0.28。

项目采用自由出流作为出口边界条件，而且风场的两个侧面边界和顶边界设定为滑移壁面，即假定空气流动不受壁面摩擦力影响，模拟真实的室外风流动。风场的地面边界设定为无滑移壁面，空气流动要受到地面摩擦力的影响。

项目建立 k-ε 湍流模型进行室外流场计算，采用 CFD（计算流体力学）方法对风场进行求解，在所分析的计算域内建立流体流动的质量守恒、动量守恒和能量守恒。同时，结合风速放大系数计算，评估建筑物承受风载的能力。

3. 计算结果

项目结果基于以下冬季、夏季以及过渡季典型风速和风向工况进行计算。风向逆时针为正，正东为 0°，正北为 90°，正西为 180°，正南为 270°。

对水平面风速云图进行分析，冬季重点关注人行走区域风场，现以冬季风环境工况下风速 3.9m/s 为例进行分析，如果有风速超标区域，模拟中会用速度上限值 5m/s 的黑色等值线标示；而过渡季、夏季，场地内人活动区不出现涡旋或无风区。该项标准指导设计确保了合理的建筑布局，优化了街区自然通风环境。项目划定的人行区域风速分布云图如图 3-14 所示。

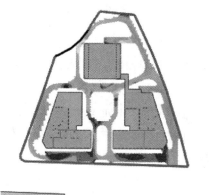 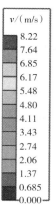

$v/(\text{m/s})$
8.22
7.64
6.85
6.17
5.48
4.80
4.11
3.43
2.74
2.06
1.37
0.685
0.000

a）

图 3-14　人行区域风速分布云图（1.5m 高度水平面）

a）冬季（3.9）水平面风速云图

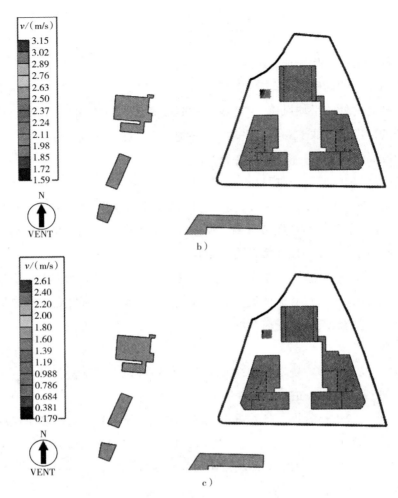

图 3-14 人行区域风速分布云图（1.5m 高度水平面）（续）

b）夏季水平面风速云图 c）过渡季水平面风速云图

对风压云图进行分析，项目中所有参评建筑满足"除迎风第一排建筑外，建筑迎风面与背风面表面风压差不超过 5Pa"的要求。避免了由于建筑迎风面与背风面表面风压差过大，导致冷风通过门窗缝隙渗透过多，从而增加室内热负荷而不节能的情况，建筑迎风面与背风面表面风压差的控制需要体现在对应的门窗表面风压上。项目采用面积加权法对建筑迎风面和背风面对应门窗的风压值进行计算，以获得迎背风面门窗的风压差值，风压云图如图 3-15 所示。

而过渡季、夏季为充分利用自然通风获得良好的室内风环境，要求 50% 以上可开启外窗室内外表面的风压差大于 0.5Pa。也就是说，当外窗关闭时，外窗内表面风压近似为 0，因此标准要求外窗室内外表面的风压差大于 0.5Pa，即为关窗状态下外窗外表面的风压绝对值需大于 0.5Pa，只有外窗外表面的风压绝对值足够大时，才可以确保良好的开窗通风效果，取得较好的室内通风环境。图 3-16 为建筑迎风面和背风面对应外窗表面的风压分布图，结合表 3-29 数值可以清晰地看到外窗表面风压小于 0.5Pa 的外窗区域。

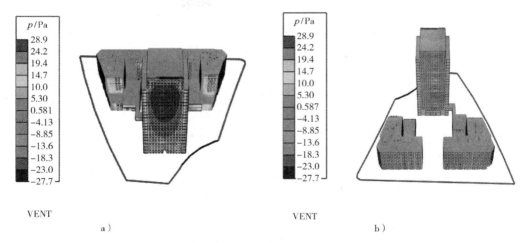

图 3-15　冬季建筑迎风面、背风面风压云图

a）冬季（3.9）建筑迎风面风压云图

b）冬季（3.9）建筑背风面风压云图

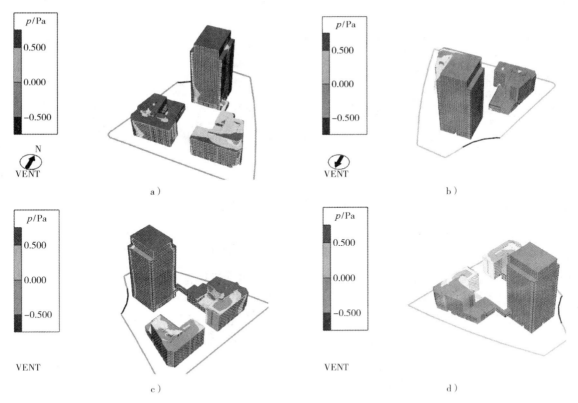

图 3-16　建筑迎风面、背风面外窗表面风压云图（夏季、过渡季）

a）夏季建筑迎风面外窗表面风压云图　　b）夏季建筑背风面外窗表面风压云图

c）过渡季建筑迎风面外窗表面风压云图　　d）过渡季建筑背风面外窗表面风压云图

表 3-29   建筑外窗室内外风压差达标判定表

季节	建筑编号	可开启外窗总数	室内外风压差大于0.5Pa的外窗总数	达标比例（%）	是否达标
夏季	1#~3#楼	296	261	88.18	是
	4#楼	1231	1076	87.41	是
	5#~8#楼	348	182	52.30	是
过渡季	1#~3#楼	296	266	89.86	是
	4#楼	1231	1189	96.59	是
	5#~8#楼	348	269	77.30	是

注：达标比例=（室内外风压差大于0.5Pa的可开启外窗总数/可开启外窗总数）×100%。

综上所述，项目高层与多层相结合的建筑群设计，减小了上部风受到高层建筑界面阻挡后下行对地面及街道造成的影响，减小了高层建筑对街道形成的压抑感，缓解了高层建筑迎风面涡漩气流，下风向的能量。同时，项目设计中强化了室内外自然通风，通过设计合理的气流通道，确定入口形式（窗和门的尺寸以及开启关闭方式）、内部通道形式（中庭、走廊或室内开放空间）、排风口形式（中庭顶窗开闭方式、开口面积、排风烟囱形式和尺寸等）。根据冬季工况，以及夏季、过渡季工况达标判断，可知本项目得分为 7 分，具体见表 3-30、表 3-31。

表 3-30   冬季工况达标判断表

评价项目	标准要求	项目计算结果	达标判定	得分
建筑迎风面/背风面风压值	除迎风第一排建筑外，建筑迎风面与背风面表面风压差不超过 5Pa，得 2 分	本项目未出现建筑迎风面与背风面表面风压差大于 5Pa 的建筑	达标	2 分

表 3-31   过渡季、夏季工况达标判断表

评价项目	标准要求	项目计算结果	达标判定	得分
无风区	场地内人活动区不出现旋涡或无风区，得 3 分	没有无风区	达标	3 分
旋涡区		没有旋涡区		
外窗室内外表面的风压差	50%以上可开启外窗室内外表面的风压差大于 0.5Pa，得 2 分	可开启外窗室内外表面的风压差满足标准要求	达标	2 分

3.4 室内环境设计

室内环境设计是构建健康、节能、绿色建筑中不可缺少的部分。在项目的设计过程中进行室内热湿环境、通风、室内声环境与光环境、室内空气品质等多方面的积极探索与实践，设计方案因地制宜，从使用功能需求出发严格执行室内环境标准。

3.4.1 室内热湿环境设计

1. 整体设计

室内热湿环境设计根据天津的气候条件、房间功能需求并结合使用方和建设方意见确定。在满足现行的国家规范、行业推荐标准的前提下，综合建筑方案特点因地制宜地落实。对于日室外计算温度与室内计算温度差值大、人员长期停留区域的室内参数采用《民用建筑供暖通风与空气调节设计规范》（GB 50736—2012）人员热舒适度表中Ⅱ级标准。依据《标准》2019 版对于室内热湿环境的评价，智韵大厦项目具有良好的室内热湿环境，自评得分 7分，见表 3-32。

表 3-32　室内热湿环境自评

评价内容		评价分值（分）	自评得分（分）
采用自然通风或复合通风的建筑	建筑主要功能房间室内热环境参数在适应性热舒适区域的时间比例，达到 30%	2	7
	每再增加 10%	1	
采用人工冷热源的建筑	主要功能房间达到现行国家标准《民用建筑室内热湿环境评价标准》（GB/T 50785）规定的室内人工冷热源热湿环境整体评价Ⅱ级的面积比例，达到 60%	5	
	每再增加 10%	1	
合计		最高得 8	7

室内热湿环境设计中，控制共享空间优先室内温度场非常重要。共享空间包括中庭、连接通廊、部分室内外连通空间等，是串接各类主题活动区的"枢纽"，区域温湿度标准根据空间功能不同而具有差异性，应结合末端设施进行气流组织优化。对于夏季室外计算湿球温度、通风温度参数较低的气候区，充分利用自然通风，优化建筑开口条件，复杂的内容采用CFD 数值模拟计算作为技术支撑，从而有效减少人工能源的使用时间。

室内热湿环境设计中，末端设备是营造室内环境的最直接手段。根据热传递的方式可分为对流式和辐射式两类，对于高大空间多种空调系统相结合，采暖系统优选辐射供暖，并通过分层空调岗位送风等技术手段在保证人员热舒适度的前提下，有效降低室内垂直温度梯度，减少无效的空间能量输入。气流组织形式采用侧向下 15°~30°角送风、同侧（异侧）下回风、服务区岗位送风、大空间下送风，送风方式确保室内空气品质不受人为二次污染。

对于有明确恒温恒湿要求的室内空间，按照规范要求的温湿度及控制精度落实，为确保系统设置的有效性和运行的节能性，独立设置空调系统，并设置专用设备机房。

2. 室内热湿环境 PMV-PPD 评价

人类的热感觉主要与其全身热平衡有关。这种平衡不仅受空气温度、平均辐射温度、风速和空气湿度等环境参数的影响，还受人体活动和着装的影响。对这些参数估算或测量后，人的整体热感觉可以通过计算预计平均热感觉指数（PMV）进行预测。

预计平均热感觉指数 PMV（Predict mean vote）是人群对热感觉等级投票的平均指数，它是从人体热平衡的基本方程式以及心理和生理主观热感觉的等级为出发点，考虑了人体热舒适感的各种相关因素后得出的全面评价指标。

PPD 为处于热湿环境中的人群对于热湿环境不满意的预计投票平均值，PPD 可预测在一给定环境中可能感觉过热或过冷的人的百分数来提供有关热不适或者热不满意的信息。PPD 可由 PMV 得出，如式（3-7）所示；两者关系如图 3-17 所示。

$$PPD = 100 - 95 \cdot \exp(-0.03353 \cdot PMV^4 - 0.2179 \cdot PMV^2) \tag{3-7}$$

式中　PMV——平均热感觉指数；

　　　PPD——预计不满意率，%。

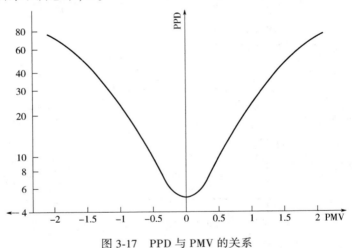

图 3-17　PPD 与 PMV 的关系

基于以上原理，智韵大厦 1~8#楼项目采用室内热舒适评价 ITES2022 分析软件进行评价。

计算方式为：先采用 CFD 计算得出室内流速分布和温度分布，进而得出室内热湿环境评价指标分布，然后进行达标比例计算。

分析软件依据对 1~8#楼的各个主要功能房间进行 PMV 以及 PPD 的达标面积统计，并且依据《绿色建筑评价技术细则》，按照主要功能房间面积加权平均计算得出建筑的 PMV-PPD 整体评价结果。PMV-PPD 整体评价指标见表 3-33。

表 3-33　PMV-PPD 整体评价指标

等级	整体评价指标	
Ⅰ级	PPD≤10%	−0.5≤PMV≤0.5
Ⅱ级	10%<PPD≤25%	−1≤PMV<−0.5 或 0.5<PMV≤1
Ⅲ级	PPD>25%	PMV<−1 或 PMV>1

智韵大厦项目根据实际情况分别对 1~3#、4#、5~8#楼进行了 PMV-PPD 评价分析，各楼群首层 PMV-PPD 评价如图 3-18 所示。

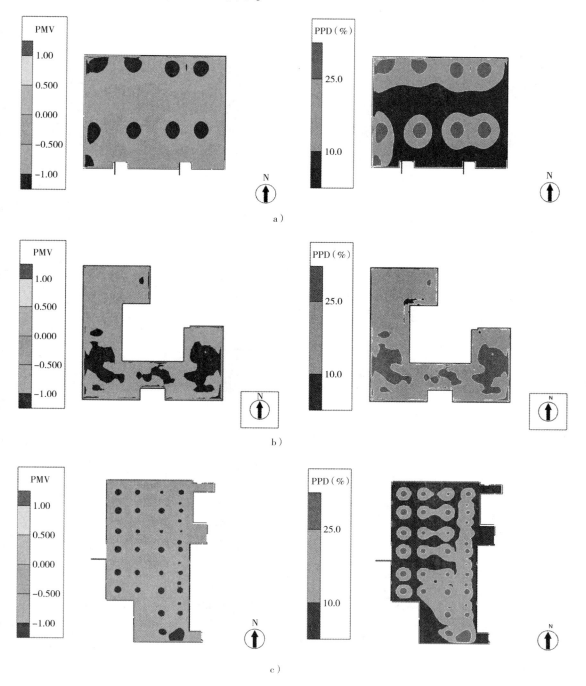

图 3-18　人行高度处 PMV-PPD 分布

a）1~3#楼首层人行高度处 PMV-PPD 分布　　b）4#楼首层人行高度处 PMV-PPD 分布

c）5~8#楼首层人行高度处 PMV-PPD 分布

对智韵大厦项目各个主要功能房间进行 PMV-PPD 的达标面积统计，按照主要功能房间面积加权平均计算得出建筑的 PMV-PPD 整体评价结果，见表 3-34。

表 3-34　主要功能房间 PMV-PPD 整体评价

1~3#楼 层号	房间名称	PMV-PPD 达标面积/m²	面积/m²	PMV-PPD 达标面积比例（%）	得分
1	接待室	28.7	39.6	72.47	6
1	指挥大厅	421.9	458.3	92.06	8
2	办公室 1	53.6	90.9	58.97	0
2	办公室 2	51.6	76.5	67.45	5
2	办公室 3	21.3	29.1	73.20	6
2	会议室	64.9	106.9	60.71	5
1~3#楼建筑 PMV-PPD 达标面积比例（%）		642.0	801.3	80.12	
4#楼 1	大厅	844.3	967.8	87.24	7
1	健身房	143.2	232.4	61.63	5
2	办公	168.4	273.6	61.55	5
2	会议室	195.3	315.0	61.99	5
2	接待室 1	25.8	39.8	64.88	5
2	接待室 2	23.5	37.2	63.03	5
2	接待室 3	25.7	42.8	60.05	5
5	五层办公	1031.7	1145.5	90.07	8
6	六层办公	972.2	1060.8	91.65	8
7	七层办公	1031.7	1145.5	90.07	8
8	八层办公	972.2	1060.8	91.65	8
9	九层办公	1031.7	1145.5	90.07	8
10	十层办公	972.2	1060.8	91.65	8
11	十一层办公	1031.7	1145.5	90.07	8
12	十二层办公	972.2	1060.8	91.65	8
13	十三层办公	1031.7	1145.5	90.07	8
14	十四层办公	972.2	1060.8	91.65	8
15	十五层办公	1031.7	1145.5	90.07	8
16	十六层办公	972.2	1060.8	91.65	8
17	十七层办公	1031.7	1145.5	90.07	8
18	十八层办公	972.2	1060.8	91.65	8
4#楼建筑 PMV-PPD 达标面积比例（%）		15453.5	17352.7	89.06	
5~8#楼	食堂	552.2	569.6	96.94	8
2	餐厅	613.1	618.2	99.16	8
5~8#楼建筑 PMV-PPD 达标面积比例（%）		1165.3	1187.8	98.11	

3.4.2　室内风环境模拟分析

在一定的送回风形式下，建筑内部空间会形成某种具体的风速分布、温度分布、湿度及污染物浓度分布，有时又称为风速场（或流场）、温度场、湿度场、污染物浓度场，这些统称为气流组织。一般通过描述送风有效性参数、污染物排除有效性参数、与热舒适关系密切的有关参数三个方面来描述和评价气流组织，进而分析室内风环境。

1. 评价标准

项目依据相关标准，采用 CFD 计算得出室内流速分布、气流方向等，从整体上展示室内风速和气流组织，为室内优化设计提供依据，对应条款见表 3-35。

表 3-35　相关室内风环境规则及评价

依据《绿色建筑评价标准》（GB/T 50378—2019）	
检查项	评价依据
控制项 5.1.2	应采取措施避免厨房、餐厅、打印复印室、卫生间、地下车库等区域的空气和污染物串通到其他空间；应防止厨房、卫生间的排气倒灌
评分项 5.2.10	优化建筑空间和平面布局，改善自然通风效果，评价总分值为 8 分，并按下列规则评分：公共建筑过渡季典型工况下主要功能房间平均自然通风换气次数不小于 2 次/h 的面积比例达到 70%，得 5 分；每再增加 10%，再得 1 分，最高得 8 分

2. 计算原理

项目采用 CFD（计算流体力学）方法对风场进行求解，通过建立湍流模型、确定边界条件等进行求解计算。同时，又采用多区域网络法对建筑室内换气次数进行计算。

多区域网络法即把室内各房间分为不同的通风换气区域，以门窗风压作为边界条件，不同区域之间通过联通的门窗作为连接，进行数据的传输，最终获得各个房间的换气次数。

换气次数反映了房间通风变化规律，能够衡量建筑室内空间空气稀释情况的好坏，也是估算空间通风量的依据。对于确定功能的空间，比如建筑房间，可以通过查相应的数据手册找到换气次数的经验值，根据换气次数和体积估算房间的通风换气量。

前面第三节中介绍过稀释方程，从方程解的表达式可以发现，被稀释空间内广义污染物浓度按照指数规律变化，其变化速率取决于 Q/V，可将该值定义为换气次数。

房间换气次数的计算源于通风路径空气质量流量的计算，基于多区域网络法的空气质量流量计算如下式：

$$Q = C_d A \sqrt{\frac{2\Delta P}{\rho}} \tag{3-8}$$

式中　Q——房间体积流量，m^3/s；

　　　ΔP——相邻房间之间门窗的风压差，Pa；

C_d——流量系数，对于大的建筑洞口，取 0.5；对于狭小的洞口取 0.65，本项目计算取 0.6；

A——洞口面积，m^2；

ρ——空气密度，kg/m^3。

通过上述方法获取一个房间的体积流量 Q 之后，即可进行房间换气次数的计算：

$$A_{cr} = \frac{Q \times 3600}{V} \tag{3-9}$$

式中 A_{cr}——换气次数，次/h；

Q——房间体积流量，m^3/s；

V——房间体积，m^3。

3. 计算结果

1~3#楼室内的风速图、风速矢量、风场流线图如图 3-19 所示。建筑群首层东、西两侧开口，风口位置分布利于"穿堂风"的形成，大部分区域气流分布均匀；但由于开口位置位于两侧，部分空间气流受墙体阻挡产生涡流，造成局部风速较大。1~3#楼过渡季典型工况下，主要功能房间平均自然通风换气次数不小于 2 次/h 的面积比例达到 99.52%。

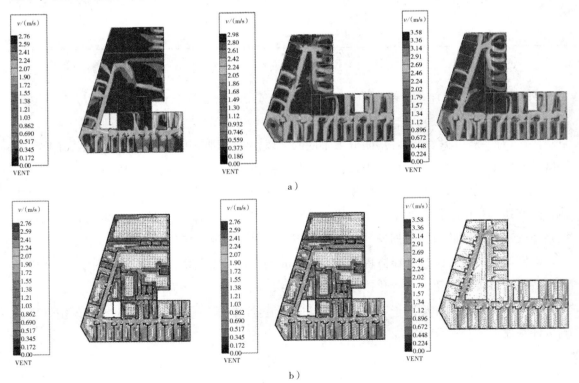

图 3-19 1~3#楼室内气流组织

a）室内速度场分布图（首层、标准层、顶层） b）室内风速矢量图（首层、标准层、顶层）

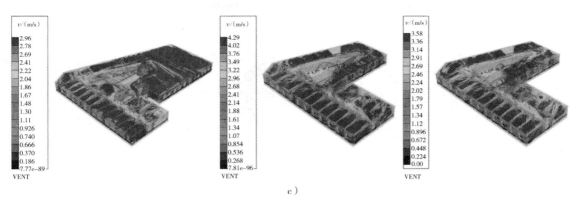

图 3-19　1~3#楼室内气流组织（续）

c）室内风场流线图（首层、标准层、顶层）

4#楼室内的风速图、风速矢量、风场流线图如图 3-20 所示。4#楼为高层办公楼，设计中充分考虑了高层办公建筑的风场特性，量化并统计分析了窗户对室内自然通风效果影响作用的各项指标，通过提升窗户开启方式、开启面积、开启位置的合理性，提升室内自然通风效果，进而提升办公建筑使用者的生活质量，实现节能减排的目的。4#楼整体风场分布较均匀，未出现涡流区域，在过渡季典型工况下，主要功能房间平均自然通风换气次数不小于 2次/h 的面积比例达到 93.96%。

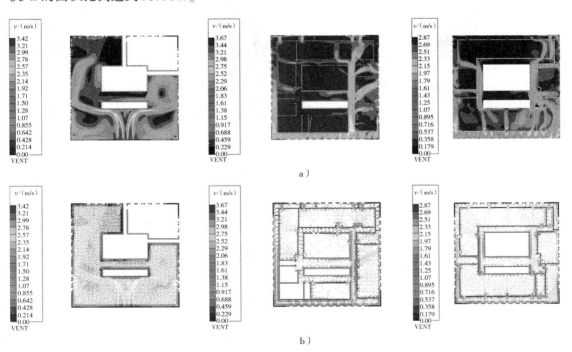

图 3-20　4#楼室内气流组织

a）室内速度场分布图（首层、标准层、顶层）　　b）室内风速矢量图（首层、标准层、顶层）

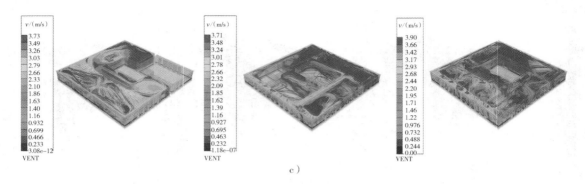

c)

图 3-20　4#楼室内气流组织（续）

c）室内风场流线图（首层、标准层、顶层）

5~8#楼室内的风速图、风速矢量、风场流线图如图 3-21 所示。软件模拟结果与实地勘测所得的室内平均风速值相差不大，并能通过控制外窗开启来调节室内风速以满足室内舒适度的要求。因此，除去卫生间因门关闭影响通风效果外，其余区域的平均自然通风换气次数均不小于 2 次/h 的面积比例达到 94.02%。

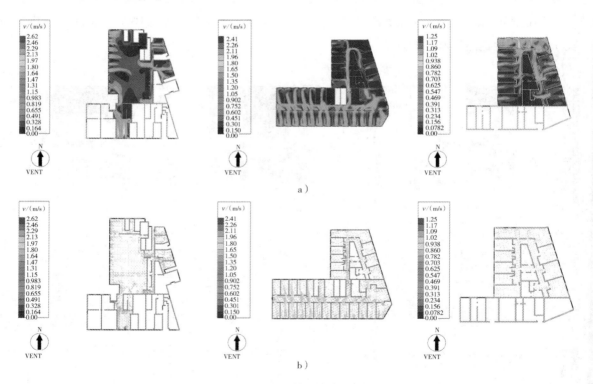

a)

b)

图 3-21　5~8#楼室内气流组织

a）室内速度场分布图（首层、标准层、顶层）

b）室内风速矢量图（首层、标准层、顶层）

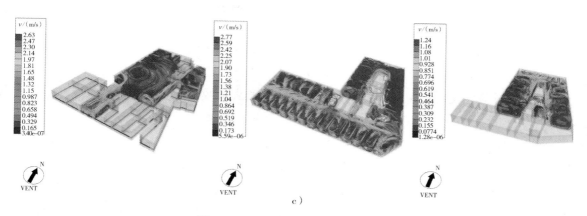

图 3-21　5~8#楼室内气流组织（续）
c）室内风场流线图（1层、标准层、顶层）

综上所述，项目设计中强化了室内通风环境，气流组织合理。项目有大空间且大高差设计，设置了上部与下部的通风开口，形成热压通风。夏季自然通风采用阻力系数小的设施。而且优化改善了进深过大的内部通风，设置了开敞天井或庭院，利用楼梯间设计太阳能烟囱，由热压效果产生有效通风，防止倒灌。对于人员密集的小型房间、会议室，优先考虑采用穿堂风设计。在无法实现对侧开窗时可采用临侧开窗，或采用窄高窗、高低窗的单侧开窗设计。根据过渡季典型工况下的主要功能房间换气次数可知本项目得分为 7 分，见表 3-36。

表 3-36　过渡季典型工况下主要功能房间换气次数统计及判定

建筑编号	可开启外窗总数	换气次数大于 2 次/h 的面积/m²	总面积/m²	达标比例（%）	是否达标
1~3#楼	296	7160.49	7195.00	99.52	是
4#楼	1231	27736.00	29519.89	93.96	是
5~8#楼	348	9664.43	10279.36	94.02	是

3.4.3　室内空气品质健康设计

1. 室内空气品质设计

近年来，随着室内环境保护意识的不断增强，人们迫切希望有一个安全、舒适、健康的生活环境。但是由于室内装修材料质量控制不严、通风换气不良以及管理不善造成室内空气品质大幅下降，严重危及生活和工作在建筑物内的人们的身心健康。近年来有三种与建筑物室内空气品质相关的疾病不断见诸报纸，建筑物综合征（SBS，Sick Building Syndrome）、建筑物关联征（BRI，Building Related Illness）、空调病（ACI，Air Conditioning Illness）和化学物质过敏症（MCS，Multiple Chemical Sensitivity）。建筑物内的室内空气品质已经成为人们关注的焦点，亟待解决。

室内空气环境包括室内热湿环境和室内空气品质。室内空气品质 IAQ（Indoor Air Quality）

是指建筑物室内空间的空气品质。对于 IAQ 的理解，考虑到综合作用和个人在室内滞留时间、人的生理条件限制等因素，也会影响建筑物内的人对室内空气品质的评价。

目前对室内空气品质定义为"良好 IAQ 是空气中没有已知的污染物达到公认的权威机构所确定的有害浓度指标，并且处于这种空气中的绝大多数人（≥80%）对此没有表示不满意"。

建筑中强调节能导致的建筑密闭性增强和新风量减少、新型合成材料大量应用、散发有害气体的电器产品的大量使用、传统集中空调系统的固有缺点以及系统设计和运行管理的不合理、厨房和卫生间气流组织不合理以及室外空气污染都是导致室内空气品质下降的原因。

室内空气品质与人员健康息息相关，空调系统改善室内空气品质的方法一般有以下几个方面。

第一，源头治理。严格控制室内污染物浓度，对于室内氨、甲醛、苯等挥发物，氨等有害污染物浓度应从源头开始进行严格控制。室内污染物浓度控制需综合考虑建筑情况、室内装修设计方案、装修材料的种类和使用量、室内新风量、环境温度等诸多影响因素，以各种装修材料、家具制品主要污染物的释放特征（如释放速率）为基础，控制污染物的总量。在主要功能房间设置空气质量监控系统，实时监测温湿度、风速、PM_{10}、$PM_{2.5}$、CO_2 和甲醛浓度，并与空调新风系统联系，保证室内良好空气质量，经过定时连续测量、显示、记录和数据传输，显示室内 $PM_{2.5}$ 年均浓度低于 $25\mu g/m^3$，且室内 PM_{10} 年均浓度低于 $50\mu g/m^3$。

第二，通新风稀释和合理气流组织。自然通风无法满足室内卫生需求时，要设置新风系统。项目通过人均新风量标准和人员密度值的确定实现新风的合理量化。人均新风量标准：人员经常停留的室内空间，不满足自然通风条件或者空气品质无法达到《室内空气质量标准》（GB/T 18883）和《民用建筑室内环境污染控制规范》（GB 50325）中的卫生标准的功能房间设置新风系统；建筑混合送风的新风量标准满足了《民用建筑供暖通风与空气调节设计规范》（GB 50736）及现行的专项建筑设计规范的要求。人员密度值的确定：可以参照《公共建筑节能设计标准》（GB 50189）典型节能建筑中人员密度及推荐作息时间表、建筑定额规定中的功能房间人员占用的面积以及参照专项建筑设计规范的要求。使用阶段根据需求通过台数调节、变频等措施，实现可变新风量运行。

在气流组织设计中，空调通过送风、回风和新风系统向建筑物内输送冷量、新鲜空气、排除建筑物内产生的二氧化碳和 VOC_s 等，室内空气的流动必然造成不同的空调制冷效果，合理地组织室内空气的流动，使得建筑物内形成比较均匀而稳定的温度、湿度、气流速度等，以满足建筑物内人体的舒适感受。一般来说，影响气流组织的因素很多，例如送风口、回风口的尺寸、大小、数量、送风参数、房间的尺寸和几何形状，以及空调自动化系统的管理和控制等。不同室内空间对气流的组织要求各不相同，例如电子行业、生物医药行业和烟草行业等对洁净度有很高要求的地方，往往以污染物扩散和浓度为指标；而本项目中的舒适性空调设计主要是针对地面 2m 以上的"工作区"以满足人体对冷热源和空气品质的舒适性为基础。舒适性空调气流组织评价的指标主要是室内空气的温湿度、风速等。

第三，空气净化。可以通过增加空气过滤器来过滤气体中的烟尘，过滤器包括初效过滤器，中效过滤器和高效过滤器，分别满足不同的空气洁净度要求；使用紫外线杀菌灯或者光触媒杀菌灯等来杀灭空调系统中的细菌、真菌和病毒；利用活性炭吸附、利用臭氧消毒灭菌、利用植物净化空气等。

综上，室内污染物可采取通风、过滤、吸附、净气品质标准化等技术手段完成，最终达到健康的空气品质标准。

智韵大厦项目从源头进行室内空气质量把控，对于污染源房间，项目采用了设置可关闭的门、安装排气扇等技术措施，防止污染物串通，室内气流组织设置合理，具体措施见表 3-37。

表 3-37　房间空气控制污染源的具体措施

房间类型	具体措施
卫生间	置于自然通风负压侧
	设置可关闭的门
	设置机械排风，安装排气扇
	设置竖向排风道，换气次数不小于 10 次/h
	排气道设计有利于排气通畅
	安装止回排气阀、防倒灌风帽
	风口位置合理，进排风无短路/无污染
	排放位置合理，远离其他空间/室外人员活动区
	设置气窗（公共卫生间、浴室）
食堂厨房	设置机械排油烟系统，厨房排风量根据换气次数按照 3m 层高不小于 60 次/h 设计
	在裙房屋面设置静电油烟净化+光解（UV）除味装置及排油烟风机
	增设活性炭除味装置
地下车库	设置机械排风系统，排风机风量按 5 次/h
	设 CO 探测装置，通过监测 CO 浓度（≤30mg/m³），控制相关区域的送、排风机的启停，当空气中 CO 浓度达到 25mg/m³ 时，开启排风机，CO 浓度小于 15mg/m³ 时停止排风

在空气净化方面，项目在 3~5#楼各楼层均设置多功能环境探测器，在 1#、2#、6~8#公寓楼内每户均设置多功能环境探测器，在室外设置多功能环境探测器，实时采集园区内 PM_{10}、$PM_{2.5}$、CO_2 浓度参数；环境监测系统主机设在负一层消防控制室，环境监测系统开放协议接口对接信息发布系统。并在前端设置环境采集器，以 RS485 总线形式与多功能环境探测器串联连接，每台采集器可带不超过 4 条的能耗总线，每条总线连接探测器数量不超过 25 台；将环境参数数据实时上传至 4#楼的信息发布大屏上。

同时，项目采用防水涂料、防水卷材、陶瓷砖等绿色产品 5 类及以上，有效削减了室内空气污染源，此项项目自评得分 8 分。

2. 室内有机挥发物浓度评估分析

项目利用"建筑通风 Vent2023"软件对室内有机挥发物浓度进行评估分析。室内污染物浓度控制需综合考虑建筑情况、室内装修设计方案、装修材料的种类和使用量、室内新风量、环境温度等诸多影响因素，以各种装修材料、家具制品主要污染物的释放特征（如释放速率）为基础，控制污染物的总量。

（1）评价标准　项目主要依据相关标准，对污染物浓度进行计算及评价，包括控制项、评分项及加分项，对应条款见表3-38。

表 3-38　相关污染物浓度规定

《绿色建筑评价标准》（GB/T 50378—2019）	
检查项	评价依据
技术要求 3.2.8	室内空气中的氨、甲醛、苯、总挥发性有机物 TVOC、氡、可吸入颗粒物等主要污染物浓度比《室内空气质量标准》（GB/T 18883）的要求降低的比例，达到 10% 为一星级要求；达到 20% 为二星级和三星级要求
控制项 5.1.1	室内空气中的氨、甲醛、苯、总挥发性有机物 TVOC、氡等污染物浓度应符合现行国家标准《室内空气质量标准》（GB/T 18883）的有关规定
评分项 5.2.1	室内空气中的氨、甲醛、苯、总挥发性有机物 TVOC、氡等污染物浓度低于现行国家标准《室内空气质量标准》（GB/T 18883）规定限值的 10%，得 3 分；低于 20%，得 6 分

《绿色建筑评价标准》（GB/T 50378—2019）（对室内有机挥发污染物浓度的控制要求）					
星级	甲醛 HCHO	苯 C_6H_6	氨 NH_3	总挥发性有机物 TVOC	氡 Rn	PM_{10}
	1h 均值/（mg/m³）			8h 均值/（mg/m³）	年均值/（Bq/m³）	日均值/（mg/m³）
一星级	<0.09	<0.099	<0.18	<0.54	<360	<0.135
二星级	<0.08	<0.088	<0.16	<0.48	<320	<0.12
三星级						

《室内空气质量标准》（GB/T 18883）中关于不同类别污染物浓度的限值					
类别	甲醛 HCHO	苯 C_6H_6	氨 NH_3	总挥发性有机物 TVOC	氡 Rn	PM_{10}
	1h 均值/（mg/m³）			8h 均值/（mg/m³）	年均值/（Bq/m³）	日均值/（mg/m³）
限值	0.10	0.11	0.20	0.60	400	0.15

（2）计算原理　项目依据设计方案，通过选择典型功能房间（卧室、客厅、办公室等）使用的 3~5 种主要建材及固定家具制品，输入装修材料信息、房间用量及建材用量，对室内空气中的甲醛、苯、总挥发性有机物浓度进行计算，如图 3-22 所示。

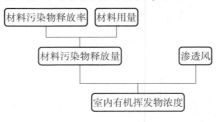

图 3-22　室内有机挥发物浓度计算流程图

室内 VOCs 评价模型遵循材料表面污染物与室内空气之间的质量平衡方程，如下式：

$$V \frac{dC_a}{dt} = \sum AE - QC_a \qquad (3\text{-}10)$$

式中　　V——房间体积，m^3；

C_a——房间空气中污染物浓度，mg/m^3；

A——材料与室内空气接触的面积，m^2；

E——材料污染物释放率，$mg/(m^2 \cdot h)$；

Q——房间内渗透风量，m^3/h。

（3）计算结果　项目设计过程中在污染物高浓度区域，优先采用有效隔离手段配合设置局部通风系统来减少污染物在室内进一步扩散；通过通风换气稀释、空气过滤或净化等方式来降低室内污染物浓度，满足健康卫生标准。具体通风量的确定，以室外空气的污染物浓度为基准计算稀释或除去室内产生的污染物所需要的通风量，稀释或除去建筑物室内装饰材料产生的污染物通风量，取两者的较大值。

项目按照标准对主要功能房间有机挥发物进行模拟计算，主要功能房间污染物浓度见表 3-39。

表 3-39　主要功能房间污染物浓度

房间类型	甲醛/（mg/m^3）标准值 ≤0.10	苯/（mg/m^3）标准值 ≤0.11	TVOC/（mg/m^3）标准值 ≤0.60	污染物浓度是否超标
1~3#商业	0.046	0.000	0.175	否
1~3#办公	0.061	0.000	0.203	否
4#办公	0.043	0.000	0.177	否
5#、6#办公	0.052	0.000	0.225	否
7#、8#商业	0.042	0.000	0.167	否

依据《标准》2019 版中"5.2.1 控制室内主要空气污染物的浓度。"的具体要求，对照标准进行达标判定，自评等分 6 分，见表 3-40。

表 3-40　室内主要空气污染物浓度规定

检查项	标准要求		计算结果	结论	得分
控制项 5.1.1	室内空气中甲醛、苯、TVOC 浓度限值分别为甲醛 0.10，苯 0.11，TVOC 0.6		所有房间均达标	满足	/
评分项 5.2.1	室内空气中化学类污染物浓度限值分别为甲醛 0.09，苯 0.099，TVOC 0.54	3 分	所有房间均满足要求	/	6 分
	室内空气中化学类污染物浓度限值分别为甲醛 0.08，苯 0.088，TVOC 0.48	6 分			

注：甲醛、苯数值为 1h 均值，单位 mg/m^3；TVOC 为 8h 均值，单位 mg/m^3。

3. 室内空气质量（可吸入颗粒物）评估分析

项目利用"建筑通风 Vent2023"软件对室内空气质量（可吸入颗粒物）进行评估分析。《室内空气质量标准》（GB/T 18883）中规定 PM_{10} 污染物浓度日均值的限值为 $0.15mg/m^3$。PM_{10} 浓度降低比例可作为《绿色建筑评价标准》（GB 50378—2019）技术要求项的评价指标。

（1）评价标准　项目主要依据相关标准，对室内颗粒物浓度进行计算及评估，具体标准见表 3-41。

表 3-41　相关污染物浓度规定

《绿色建筑评价标准》（GB 50378—2019）	
检查项	评价依据
技术要求 3.2.8	3.2.8 室内空气中的氨、甲醛、苯、总挥发性有机物、氡、可吸入颗粒物等主要污染物浓度降低比例，达到10%为一星级要求；达到20%为二星级和三星级要求
评分项 5.2.1	5.2.1-2 室内 $PM_{2.5}$ 年均浓度不高于 $25\mu g/m^3$，且室内 PM_{10} 年均浓度不高于 $50\mu g/m^3$，得6分

《绿色建筑评价标准》（GB 50378—2019）技术要求项的评价指标，室内颗粒物 PM_{10} 浓度	
星级	PM_{10} 浓度/（mg/m^3）
一星级	<0.135（降低10%）
二星级	<0.12（降低20%）
三星级	

（2）计算原理　本项目通过输入室外大气颗粒物信息、通风净化措施、房间渗透风量，对室内颗粒物的浓度进行计算，如图 3-23 所示。

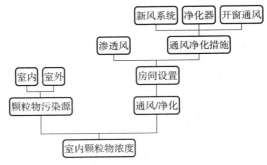

图 3-23　室内空气质量（可吸入颗粒物）计算框架图

室内颗粒物主要来自于室外颗粒物的进入以及室内人员的日常活动。因此室内颗粒物浓度的评估需要考虑两方面的因素，室外颗粒物进入室内的颗粒物浓度，以及各种净化措施对颗粒物的稀释，本项目采用的室内颗粒物预评估模型方程如下：

$$V\frac{dC_a}{dt} = Q_{m,1}C_{out}(1-\eta_{m,1}) + Q_{m,2}C_a(1-\eta_{m,2}) + Q_nC_{out} + pQ_iC_{out} + R -$$

$$C_akV - Q_{total}C_a - CADRC_a \tag{3-11}$$

式中　C_a、C_{out}——室内、室外颗粒物浓度，$\mu g/m^3$；

$\quad Q_{m,1}$、$Q_{m,2}$——机械通风新、回风量，m^3/h；

$\quad \eta_{m,1}$、$\eta_{m,2}$——新、回风一次通过净化效率，无量纲；

$\quad Q_n$——开窗通风量及渗风量，m^3/h；

$\quad Q_i$——风量，m^3/h；

$\quad$CADR——为净化器洁净空气量，m^3/h；

$\quad p$——室外颗粒物渗透系数，即室外颗粒物通过围护结构后的浓度与其室外浓度的比值，无量纲；

$\quad R$——室内颗粒物源产生强度，$\mu g/h$；

$\quad k$——沉降速率，$1/h$；

$\quad V$——房间体积，m^3。

（3）计算结果　颗粒物年均值：颗粒物年均值为标准评分项要求，本项目按照标准对参评房间颗粒物年平均浓度进行计算和达标判定，结果见表 3-42。

表 3-42　$PM_{2.5}$、PM_{10} 年平均浓度

房间类型	室内 $PM_{2.5}$ 年均浓度/($\mu g/m^3$)	室内 PM_{10} 年均浓度/($\mu g/m^3$)	污染物浓度是否超标
	标准值≤25	标准值≤50	
1~3#商业	10	18	否
1~3#办公	10	18	否
4#办公	10	18	否
5#、6#	9	17	否
7#、8#商业	8	16	否

由此可知，项目设计中强化了对可吸入颗粒物的控制措施。

一是加强了可吸入颗粒物净化。针对建设地点室外空气与室内污染源的具体情况进行了分类净化处理；增强建筑围护结构的气密性能，降低室外颗粒物向内的穿透；对于厨房等颗物散发源空间设置可关闭的门；进行合理的通风系统及空气净化装置设计和选型，使室内具有一定的正压。

二是加强新风过滤。室外空气品质优良，周围环境没有大量散发尘源的地区，新风系统采用粗效过滤 G4、中效 F5～F7 过滤级别。系统的过滤器处理风量满足了不同季节可变新风量的使用需求，过滤器的风阻力由自动压差监测控制。

三是加强室内空气净化。对于室内空气质量标准高的房间增设了空气净化处理设施，包括末端设备的新风、循环风净化处理功能、移动式空气净化器等。设施通过电离、分解、吸附化合等物理化学方式对室内空气进行净化处理，常用的产品类型有高压电离式、纳米吸附、紫外线杀菌等。因此，项目主要功能房间 $PM_{2.5}$、PM_{10} 年平均浓度分别低于 $25\mu g/m^3$、$50\mu g/m^3$。根据《绿色建筑评价标准》（GB/T 50378—2019）标准对应要求，室内颗粒物浓

度控制自评得分 6 分。

4. 污染源气流组织评估分析

智韵大厦项目同时采用建筑通风计算软件 Vent2022 分析软件对 1～3#、4#、5#、6#、7#、8#楼涉及的房间进行了室内气流组织分析。

（1）评价标准 室内气流组织评价的主要依据为《绿色建筑评价标准》（GB/T 50378—2019）中控制项的要求"应采取措施避免厨房、餐厅、打印复印室、卫生间、地下车库等区域的空气和污染物串通到其他空间；应防止厨房、卫生间的排气倒灌。"

（2）计算原理 项目首先采用 CFD 计算得出室内流速分布和气流方向，从整体上展示室内风速和气流组织，为室内气流组织优化设计提供依据。5#、6#楼二层卫生间的室内风速矢量图、室内速度场分布以及流线图，如图 3-24 所示。

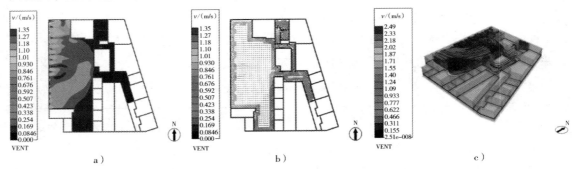

图 3-24 卫生间气流组织

a）室内风速矢量图 b）室内速度场分布图 c）流线图

（3）计算结果 经过模拟分析，项目各组建筑的参评房间所用技术措施合理，且通过 CFD 对室内进行气流组织分析，确认气流组织合理，满足《标准》2019 版中 5.1.2 条的要求。

3.4.4 室内声环境设计

声环境主要是从环境物理的角度分析人耳对外界声音的感知情况，人耳能够听到的声音都属于声环境的范围。为了增加土地的利用率，高层建筑的数量越来越多，必须为高层建筑的住户创建良好的声环境，才能减少和避免噪声对人们生活、工作造成的影响。为此，要制定规范的声环境评价标准，以实现对绿色建筑噪声的严格控制。

1. 声音传播与材料声学性能

声的传播途径大致可归纳为通过空气的传声和通过建筑结构的固体传声两大类。在建筑声学中，把凡是通过空气传播而来的声音称为空气声，例如汽车声、飞机声等；把凡是通过建筑结构传播的由机械振动和物体撞击等引起的声音，称为固体声，如脚步声、撞击声等。

声波在一个被界面（墙、地板、顶棚等）围闭的空间中传播时，受到各个界面的反射与吸收（或透射）。这时所形成的声场要比无反射的室外自由场复杂得多。在室内声场中，接收点处除了接收到声源辐射的"直达声"以外，还会接收到由房间界面反射而来的反射声，包括一次反射、二次反射和多次反射。

因此，建筑材料和结构对声波的作用特性尤为重要。声波入射物体上会产生反射、吸收和透射。材料和结构的声学特性正是从这三方面来描述的。需要指出的是，物体对声波这三个方面的作用是物体在声波激发下振动而产生的。材料和结构的声学特性与入射声波频率和入射角度有关。"吸声"和"隔声"是两种不同的控制噪声的方法。隔声是利用隔层把噪声源和接收者分隔开；吸声是声波入射到吸声材料表面上被吸收，降低了反射声。另外，两种方法采用的材料特性不同，厚重密实的材料隔声性能好，如混凝土墙；松散多孔的材料吸声系数较高，如玻璃棉。

吸声材料和吸声结构种类很多。根据材料的外观、构造特征、吸声机理可分为多孔吸声结构和共振吸声结构。多孔吸声材料结构中，有大量内外连通的微小孔洞，声波入射时引起孔洞内空气振动，振动使空气与孔壁形成摩擦和热传导，使声能转化为热能而被损耗。微孔多且相互连通，吸声效果好，反射少，如纤维板、毛毡、岩棉。共振吸声材料结构中，声波激发下发生振动，振动的结构和物体因自身内部摩擦和与空气的摩擦，将一部分能量转化为热能，从而消耗声能。共振时结构和物体振动最强烈，损耗能量最多。如空腔、穿孔板共振吸声结构，薄膜、薄板共振吸声结构等。

隔声的材料性能与隔声构件的设计有关。建筑的围护结构受到外部声场的作用或直接受到物体撞击而发生振动，就会向建筑空间辐射声能，于是空间外部的声音会通过围护结构传到建筑空间中，这叫作"传声"。围护结构会隔绝一部分作用于它的声能，这叫作"隔声"。如果隔绝的是外部空间声场的声能，则称为"空气声隔绝"；若是使撞击的能量辐射到建筑空间中的声能有所减少，则称为"固体声或撞击声隔绝"。这和隔振的概念不同，因为前面接收者接收到的是空气声，后面接收者感受到的是固体振动。但隔振可以减少振动或撞击源的撞击，从而降低撞击声。

隔声构件在工程上常用隔声量来表示构件对空气声的隔绝能力，它与构件透射系数有如下关系：

$$R = 10\lg \frac{1}{\tau} \tag{3-12}$$

式中　R——隔声量，dB；

　　τ——透射系数，无量纲。

可以看出，构件的透射系数越大，则隔声量越小，隔声性能越差；反之，透射系数越小，则隔声量越大，隔声性能越好。

隔声构件按照不同的结构形式，有不同的隔声特性。对于隔墙（分户墙）设计上的措施，理论上采用高声阻、刚性、匀质密实的围护结构，如砖、混凝土等，其质量越大则振动越小，惰性抗力越大。因此，密实而重质的材料隔声性能较好。

组合隔声量透声系数是指在给定频率和条件下，经过分界面（墙或间壁等）的透射声能通量与入射声能通量之比。一般指两个扩散声场间的声能传输，否则应具体说明测量条件。

由于外围护结构是由多个构件组合而成，即在墙上带有门、窗。一般地说，门窗的隔声量要比均质密实的墙差，因此组合墙的隔声量经常比墙体本身的隔声量低，在等传声度的条件下，组合墙的平均透声系数为：

$$\bar{\tau} = \frac{\sum_{i=1}^{n} \tau_i S_i}{\sum_{i=1}^{n} S_i} \tag{3-13}$$

式中　$\bar{\tau}$——组合墙平均透声系数；

　　　τ_i——组合墙上各构件的透声系数；

　　　S_i——组合墙上各构件的面积，m^2。

则组合墙的平均隔声量为：

$$\bar{R} = 10\lg \frac{1}{\bar{\tau}} \tag{3-14}$$

式中　$\bar{R}$——组合墙的平均隔声量，dB。

由式（3-14）可知，组合隔声构件的设计中通常采用"等透射量"的原理，尽量使每个分构件的透射量 $S_i\tau_i$ 大致相等，以防止其中一个薄弱环节会大大降低综合隔声量。

2. 室内降噪控制

室内噪声主要受建筑周围环境噪声源、室内声源以及建筑构件隔声性能的影响，如图 3-25 所示。室内噪声主要由两部分构成：一方面是室外噪声通过外墙传到室内的部分，另一方面是建筑内部声源。室内噪声级应满足现行国家标准《民用建筑隔声设计规范》（GB 50118）中的低限要求。

智韵大厦项目对于建筑室内降噪控制主要体现在以下三个方面。

（1）对建筑平面布置进行优化　明确对声环境要求较高的房间背对噪声声源，功能性的房间也要远离建筑内部的噪声声源。比如，建筑中的电梯在运行过程中可能会产生噪声和震动，会议室或书房就要远离电梯井布置。

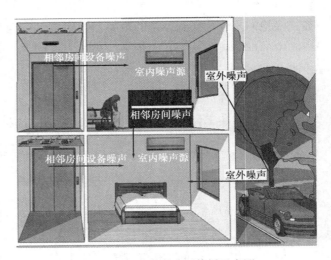

图 3-25　室内噪声声源传播示意图

（2）重视建筑周边绿化环境 项目主要噪声来源为室外交通噪声，植物的作用除了能吸收空气中的二氧化碳、释放大量的氧气之外，还具备吸收噪声波及对噪声的反射作用。所以，建筑室外可以种植大面积的绿化带，能起到保护声环境的作用。利用植物细小密集的叶片及叶片之间较多的空隙充分发挥吸噪作用，可有效降低噪声对建筑环境的声污染。

项目住宅与道路之间有城市绿化带相隔，可有效减少交通噪声的传播。水、暖、电、气管线穿过楼板和墙体时，孔洞周边均应采取防火密封隔声处理，墙上留洞的封堵多用岩棉。

（3）加强建筑自身的隔声性能 使用先进的建筑技术，提高外墙、隔墙、窗、透明幕墙、门、楼板的空气声隔声性能以及楼板的撞击声隔声性能。

智韵大厦项目外墙采用水泥砂浆（10.0mm）+岩棉板（120.0mm）+加气混凝土砌块（B06）（200.0mm）+水泥砂浆（10.0mm）；外窗采用建筑用隔热铝合金型材 5mm+12Ar+5mm+12Ar+5mmLow-E（XETN0187-T），提高了围护结构的综合隔声性能。洞口、门窗框与附框的缝隙采用发泡聚氨酯高效保温材料填实。附框的框料空腔内采用发泡聚氨酯高效保温材料填实，附框与外墙之间缝隙采用防水砂浆抹平。外门窗框与墙体之间的缝隙用中性硅酮建筑密封胶密封，墙上的留洞用岩棉封堵，如图 3-26 所示。

同时，项目中的窗采用双中空玻璃结构，中间留有空气间层，空气间层可以看作是与两层墙板相连的"弹"，声波入射到第一层板时，使墙板发生振动，此振动通过空气间层传至第二层玻璃，再至第三层玻璃，然后由第三层向室内辐射声能。由于空气间层的弹性变形具有减振作用，传递给第三层玻璃体的振动已大为减弱，近似"等透射量"设计，从而提高了围护结构总的隔声量。这样围护结构的总重量没有变，而隔声量却有了显著提高。在双中空玻璃空气间层中填充多孔材料（如岩、玻璃棉等），可以在全频带上提高隔声量。建筑的隔声效果、隔声性能明显提升，如图 3-27 所示。

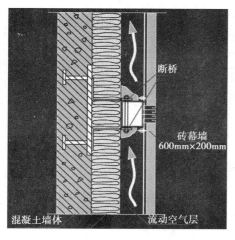

图 3-26 建筑自身隔声性能

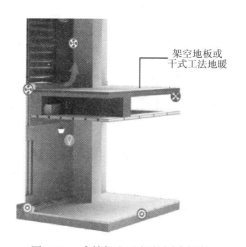

图 3-27 建筑架空地板的隔声性能

（4）撞击声的隔绝 撞击声的产生是由于振动源撞击楼板，楼板受撞而振动，并通过房屋结构的刚性连接而传播，最后振动结构向接收空间辐射声能形成空气声传给接收者。撞击声的隔绝措施对控制室内噪声传播也非常重要。设计中可以通过减弱振动源撞击楼板引起的振动，即通过振动源治理和采取振动源隔振措施，也可以在楼板上面铺设弹性面层，常用的材料是地毯、橡胶板、地漆布、塑料地面、软木地面等，能对中高频的撞击声级有较大的改善。设计中也可以采用阻隔振动在建筑结构中的传播方式。如在楼板面层和承重结构之间设置弹性垫层，这种做法通常称为"浮筑楼面"。常用的弹性垫层材料有岩棉板、玻璃棉板、橡胶板等。也可以阻隔振动结构向接收空间辐射空气声，如在楼板下做封闭的隔声吊顶可以减弱楼板向楼下房间辐射的空气声，吊顶内若铺上吸声材料会使隔声性能有所提高。如果吊顶和楼板之间采用弹性连接，则隔声能力比刚性连接效果要好。

智韵大厦项目项目4#楼办公区采用架空地板以及装饰室内吊顶，水平主干线（强弱电）敷设于吊顶内部。建筑室内架空地板与楼板，形成薄膜薄板共振吸声结构。当声波入射到架空地板上时，将激起面层振动，使板发生弯曲变形。由于面层和固定支点之间的摩擦及面层本身的损耗，一部分声能被转化为热能，达到了降噪的作用。

经过对项目的计算分析，项目建筑构件的隔声统计结果见表3-43。针对《绿色建筑评价标准》（GB/T 50378—2019）的达标情况"外墙、隔墙的空气声隔声性能满足《民用建筑隔声设计规范》（GB 50118）中的低限限值要求"，达到了《标准》2019版中5.1.4条第2款控制项的要求；也达到了5.2.7条评分项的要求，自评得分为8分。

表3-43 空气声隔声+撞击声隔声结果统计表

空气声隔声结果统计				
构件	构造	空气声隔声单值评价量+频谱修正量	达标情况	得分
外墙	填充墙1（1）	49.00	达到平均值要求	
	剪力墙1（1）	60.51	达到高限要求	
隔墙	内墙填充墙	51.00	达到高限要求	
窗	外窗3	34.00	达到平均值要求	
透明幕墙	透光幕墙3	39.00	达到高限要求	3
门	外门3BACKUPTEST	37.00	达到高限要求	
	内门2BACKUPTEST	37.00	达到高限要求	
楼板	层间楼板3	50.30	达到高限要求	
	层间楼板4（1）	52.02	达到高限要求	
撞击声隔声结果统计				
构件	构造	计权标准化撞击声压级	达标情况	得分
楼板	层间楼板（办公）	62.00	达到高限要求	5
	层间楼板（商业）	63.00	达到高限要求	

3.4.5　室内光环境设计

建筑室内光环境采光设计应当从两方面进行评价，即是否节能和是否改善了建筑内部环境的质量。首先，良好的光环境可利用自然光和人工光创造，但单纯依靠人工光源（通常多为电光源）需要耗费大量的常规能源，间接造成环境污染，不利于生态环境的可持续发展；而自然采光则是对自然能源的利用，是实现可持续发展的路径之一。其次，窗户在完成自然采光的同时，还可以满足室内人员进行室内外视觉沟通的心理需求。而且无窗建筑虽易于达到房间内的洁净标准，并且可以节约空调能耗，但不能为工作人员提供愉快而舒适的工作环境，无法满足人们对日光、景观以及与外界环境接触的需要。所以，室内光环境设计要优先考虑天然采光。

建筑采光设计的主要目标是为日常活动和视觉享受提供合理的照明。对于日光的基本设计策略是不直接利用过强的日光，以间接利用为宜。间接利用日光是为了解决日光这个光强极高的移动光源的合理利用问题。因此，建筑采光设计中注意合理地设计房屋的层高、进深与采光口的尺寸，注意利用中庭处理大面积建筑采光问题，并适时地使用采光新技术，以解决以下三方面的问题。

首先，解决大进深建筑内部的采光问题。由于建设用地的日益紧张和建筑功能的日趋复杂，建筑物的进深不断加大。仅靠侧窗采光已不能满足建筑物内部的采光要求。

其次，提高采光照质量。传统的侧窗采光，随着与窗距离的增加，室内照度显著降低，窗口处的照度值与房间最深处的照度值之比大于 5∶1，视野内过大的照度对比容易引起不舒适眩光。

最后，解决天然光的稳定性问题。天然光的不稳定性一直都是天然光利用中的一大难点，通过日光跟踪系统的使用，可最大限度地捕捉太阳光，在一定的时间内保持室内较高的照度值。

建筑采光设计应当与建筑设计综合考虑，以使建筑获得适量的日光，有效地利用其实现均衡的照明，避免眩光，基本设计策略有以下几方面。

1. 建筑总体布局和建筑朝向设计

中国绝大部分国土处于北回归线以北，日照的一般规律是每天太阳从东方升起，中午时分到达南面，傍晚在西方日落。从太阳高度角来看，冬季的太阳高度角比较低，夏季的太阳高度角比较高。加之中国夏季的主要风向是东南风，最终导致"朝南（或者南偏东、南偏西）"成为中国建筑的最主要朝向。

在建筑设计中，首先通过控制建筑物之间的间距来满足日照时数的要求，但一般情况下还需要通过计算进行核对，具体计算公式为：

$$L = H/\tan\alpha \tag{3-15}$$

其中，L 是住宅间距（日照间距），H 是前排住宅北侧檐口顶部与后排住宅南侧底层窗台面的高差，α 是大寒日（或冬至日）的太阳高度角，如图 3-28 所示。在具体节能计算时，需要查阅各地数据，才能确保计算正确。鉴于中国城市（尤其是大中城市）人多地少的现状，在总体布局时常常采用住宅错落布置、点式住宅和条式住宅相结合、住宅方位适当偏东或偏西等方式，以综合达到节约用地和确保日照间距的要求，如图 3-29 所示。

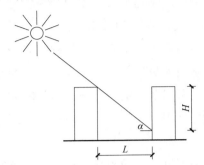

图 3-28　日照间距与太阳高度角

图 3-29　错落式、点式建筑布置

对于建筑采光设计中的建筑朝向而言，由于直射阳光比较有效，因此朝南的方向通常是进行天然采光的最佳方向，其次是北向，最不利的方向是东向和西向。每天东向和西向只有上午或者下午能够接收到太阳照射；且夏天日照强度最大；太阳在天空中的位置较低会带来非常严重的眩光和阴影遮蔽等问题。从建筑物方位来看，最理想的楼面布局确定方位的基本原则为：

第一，如果冬天需要采暖，应采用朝南的侧窗进行天然采光；

第二，如果冬天不需要采暖，还可以采用朝北的侧窗进行天然采光；

第三，用天然采光时，为了不使夏天太热或者带来严重的眩光，应避免在东向和西向设计玻璃窗。

2. 不同采光口形式特征设计

天然采光的形式主要有侧面采光和顶部采光，即在侧墙上或者屋顶上开采光口采光。另外也有采用反光板、反射镜等通过光井、侧高窗等采光口进行采光。窗的面积越小，获得天然光的采光量就越少，而且不同采光口形式的特征对室内光环境的影响很大。相同窗口面积的条件下，窗户的形状位置对进入室内光通量的分布有很大的影响。如果光能集中在窗口附近，可能会造成远窗处因照度不足需要人工照明，而近窗处又因为照度过高造成因眩光的不舒适感而需要拉上窗帘，结果仍然需要人工照明，这样就失去了天然采光的意义了。因此，对于一般的天然采光空间来说，尽量降低近采光口处的照度，提高远采光口处的照度，使照度尽量均匀化是有意义的。

在侧窗面积相等、窗台标高相等的情况下，正方形窗口获得的采光量最高，竖长方形次之，横长方形最少。但从均匀性角度看，竖长方形在进深方向上照度均匀性好，横长方形在宽度方向上照度均匀性好，如图 3-30 所示。

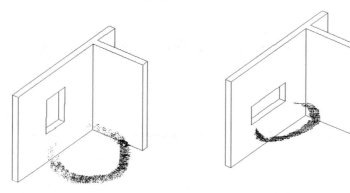

图 3-30　不同形状的侧窗形成的光线分布

除了窗的面积以外，侧窗上沿或下沿的标高对室内照度分布的均匀性也有着显著影响，如图 3-31 所示。由图 3-31a 可以看出，随着窗户上沿的下降、窗户面积的减小，室内各点照度均呈下降。由图 3-31b 可知，提高窗台的高度，尽管窗的面积减小了，导致近窗处的照度降低，但对进深处的照度影响不大。

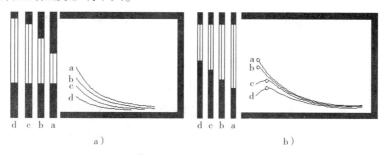

图 3-31　不同形状的侧窗形成的光线分布

a）窗上沿高度的变化对室内采光的影响　b）窗台沿高度的变化对室内采光的影响

对于建筑天窗采光设计，一般单层和多层建筑的顶层可以采用屋顶上的天窗进行采光，也可以利用采光井采光；其优势是使相当均匀的光线照亮屋子里尽可能大的区域，室内照度分布比侧窗均匀，而且水平的窗口也比竖直的窗口获得的光线更多，缺点是来自天窗的光线在夏天时比在冬天时更强，而且水平的玻璃窗也难以遮蔽。

天窗多用于大型空间如商用建筑、体育场馆、高大车间等；对于进深较大的房间，也会通过采光中庭和采光竖井的设计，引入自然光。因此，天窗一般分为矩形天窗、锯齿形天窗和平天窗三种形式，如图 3-32 所示。矩形天窗实质上是安装在屋顶上的高侧窗，又可分为纵向矩形天窗、梯形天窗、横向矩形天窗等；矩形天窗照度均匀，不易形成眩光，便于通风，采光效率一般低于平天窗，适用于中等精密工作及有通风要求的车间。锯齿形天窗属单面顶部采光，光线具有方向性，采光均匀性较好，采光效率较高；能满足精密工作车间的采光要求。平天窗则在建筑屋面直接开洞，铺上透光材料即可，结构简单，布置灵活，采光效率高，但污染较垂直窗严重；多用于高大空间的采光板、采光带及采光顶棚设计。

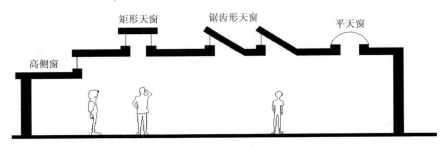

图 3-32 建筑物的天窗形状

智韵大厦项目天然光环境营造中注意合理地设计房屋的层高、进深与采光口的尺寸，通过采光顶幕墙系统、采光天窗等营造良好的天然光环境。光顶幕墙作为建筑围护结构的一种，有利于尽可能多地争取天然光入射室内。建筑幕墙扩展了"窗"这一概念的范畴，立面上的幕墙可以被认为是一种超大面积的"侧窗"或是一种近乎可全部采光的"墙"。建筑天窗采光设计用于项目的大型空间，相当均匀的光线照亮屋子里相当大的区域，室内照度分布比侧窗均匀，而且水平的窗口也比竖直的窗口获得的光线更多。项目中采用的采光天窗将光线引入单层空间的深处。利用顶部采光空间的形状、表面反射比等改善了室内光分布，减少了所需的窗口数量。

其次，智韵大厦项目也增强了采光照度。采光设计中所有灯具为一类灯具；地下车库的车位、车道采用单管 LED 灯具（14～16W），应急疏散指示灯和安全出口标识灯采用 LED 光源，其余场所普通照明采用 LED 灯具，相关色温 4000K，显色指数大于 80。室内主要功能空间至少 60% 面积比例区域的采光照度值不低于采光要求的小时数平均不少于 4h/d。

最后，项目通过动态采光模拟、眩光模拟计算、光污染模拟等优化建筑室内光环境，解决了项目大进深建筑内部的采光、天然光的稳定性等问题，进一步提高了光照质量。

3. 室内光环境模拟

（1）动态采光模拟 基于天然光气候数据的建筑采光全年动态分析，考虑了天空类型多样化、建筑朝向、地理位置以及遮阳、采光辅助系统的应用，能更真实全面地反映室内天然采光状况。为了更加真实地反映天然光利用的效果，智韵大厦项目采用基于天然光气候数据的建筑采光全年动态分析的方法对其进行评价。

动态采光评价指标是基于建筑内部连续时间段内照度值和亮度值。这些连续时间序列包含一整年，以建筑室外年度太阳辐射照度数据为基础。动态采光将立面朝向和使用者对天然采光的舒适性纳入计算范围，基于典型年气象数据来对建筑物进行天然采光动态模拟，并且考虑了全年的天气类型，因此对于描述工作区域天然采光全年有效性来说是一个整体性的评价。

《绿色建筑评价标准》（GB/T 50378—2019）指出"建筑及采光设计时，可通过软件对建筑的动态采光效果进行计算分析，根据计算结构合理进行采光系统设计。"同时，条文5.2.8 条对建筑光环境提出明确要求"公共建筑：室内主要功能空间至少 60%面积比例区域的采光照度值不低于采光要求的小时数平均不少于 4h/d，得 3 分。"

对动态采光指标进行解读可知，只有同时满足照度要求、时长要求、达标面积比例要求才可得分。《绿色建筑评价标准技术细则 2019》中也明确了动态采光计算参数、计算条件细节：计算时采用标准年的光气候数据；公共建筑主要功能房间采用全年中建筑空间各位置满足采光照度的时长进行采光效果评价；采光照度要求值为平均值，即照度平均值需超过《建筑采光设计标准》（GB 50033）中室内照度标准值。综上所述，动态采光的计算和统计基于平均照度进行逐时分析统计。

项目采用采光分析软件 DALI 建模（绿建斯维尔），利用 Daysim 内核进行动态采光模拟，最后将计算结果返回到 DALI 进行处理分析。

以项目中 1~3#楼为例，利用动态采光分析统计图可以直观地反应建筑在一年中逐日、逐月采光效果和达标情况，项目采光满足标准要求照度的平均时长，如图 3-33 所示。

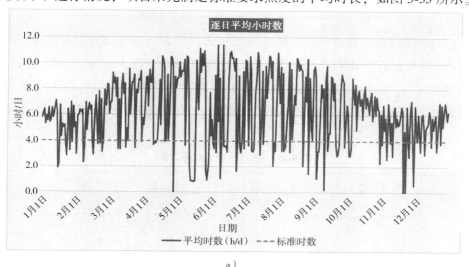

a）

图 3-33　1~3#楼动态采光逐日+逐月统计图

a）1~3#楼动态采光逐日统计图

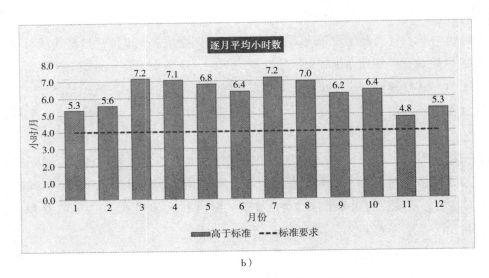

b）

图 3-33　1~3#楼动态采光逐日+逐月统计图（续）

b）1~3#楼动态采光逐月统计图

最后，统一对项目 1~8#楼主要功能房间内进行逐时照度计算，统计全年照度达标的时间，满足时长要求的区域即可参与达标统计，达标面积比例、得分情况见表 3-44。

表 3-44　1~8#楼全年照度达标情况

采光总面积/m²	达标面积比例（%）	标准要求（%）	得分
6089.11（1~3#楼）	89	60	
17349.67（4#楼）	100	60	3
57523.10（5~8#楼）	94	60	

（2）眩光模拟计算　窗的不舒适眩光是评价采光质量的重要指标，绿色建筑评价中也要求对主要功能房间有合理的控制眩光的措施，见表 3-45。项目以《建筑采光设计标准》（GB 50033—2013）为计算依据，以《标准》2019 版为评价依据，采用 DALI 软件进行采光模拟。分析项目主要功能房间的眩光指数、采光均匀度，并给出绿色建筑评估所需要的评价分值。

表 3-45　窗的不舒适眩光指数

采光等级	眩光指数值 DGI
I	20
II	23
III	25
IV	27
V	28

注：《建筑采光设计标准》（GB 50033—2013）规定：窗的不舒适眩光指数不宜高于表中规定的数值。

《绿色建筑评价标准技术细则2019》同时指出"要求主要功能房间的最大采光系数和平均采光系数的比值小于6,改善室内天然光均匀度。若无眩光控制措施或采光均匀度不达标,本款不得分。"

项目主要功能房间减少或避免阳光直射、幕墙设置中空百叶,可自动调节遮阳,室内设置窗帘,控制不舒适眩光。计算参数选定后,利用门窗参数等进行不舒适眩光指数、采光均匀度计算,表3-46为摘自1~3#楼部分分析数据。

在计算眩光指数时,考虑分析区内的建筑物之间遮挡,室内环境中忽略了室内家具类设施的影响,考虑了永久固定的顶棚、地面和墙面,其中窗以及透光门都会对结果产生重要影响,因此对门窗的参数进行了必要的统计。

表3-46　1~3#楼眩光分析结果（部分）

楼层	房间编号	房间类型	采光等级	采光类型	房间面积/m²	眩光指数DGI	DGI限值	结论
1	1052	指挥大厅	Ⅲ	侧面	458.30	16.4	25	满足
	1001	商业	Ⅲ	侧面	114.87	15.9	25	满足
	1039	接待室	Ⅲ	侧面	39.63	12.9	25	满足
	1002	商业	Ⅲ	侧面	87.28	10.7	25	满足
	1004	商业	Ⅲ	侧面	31.78	14.9	25	满足
	1006	商业	Ⅲ	侧面	35.86	15.5	25	满足
	1013	商业	Ⅲ	侧面	80.32	9.3	25	满足
	1012	商业	Ⅲ	侧面	65.04	0.0	25	满足
	1007	商业	Ⅲ	侧面	71.54	16.5	25	满足
	1008	商业	Ⅲ	侧面	68.84	16.5	25	满足
	1023	商业	Ⅲ	侧面	37.63	15.7	25	满足
2	2041	办公室	Ⅲ	侧面	76.50	12.7	25	满足
	2056	包厢	Ⅲ	侧面	10.03	12.9	25	满足
	2055	包厢	Ⅲ	侧面	12.08	12.4	25	满足
	2057	包厢	Ⅲ	侧面	9.53	14.3	25	满足
	2053	会议讨论区	Ⅲ	侧面	30.60	16.0	25	满足
	2030	办公室	Ⅲ	侧面	90.89	17.6	25	满足
	2026	办公室	Ⅲ	侧面	33.75	17.0	25	满足
	2001	办公室	Ⅲ	侧面	74.06	15.7	25	满足
	2018	物业管理用房	Ⅲ	侧面	62.71	13.9	25	满足
	2020	商业	Ⅲ	侧面	32.68	15.8	25	满足
	2025	商业	Ⅲ	侧面	31.12	15.0	25	满足
	2012	商业	Ⅲ	侧面	32.86	14.8	25	满足
	2011	商业	Ⅲ	侧面	33.36	16.0	25	满足
	2010	商业	Ⅲ	侧面	33.00	17.4	25	满足

（续）

楼层	房间编号	房间类型	采光等级	采光类型	房间面积/m²	眩光指数 DGI	DGI 限值	结论
2	2009	商业	Ⅲ	侧面	33.60	17.2	25	满足
	2008	商业	Ⅲ	侧面	33.07	17.0	25	满足
	2007	商业	Ⅲ	侧面	33.82	16.9	25	满足
	2006	商业	Ⅲ	侧面	33.24	16.3	25	满足
	2005	商业	Ⅲ	侧面	33.70	15.7	25	满足
	2004	商业	Ⅲ	侧面	31.70	15.2	25	满足
	2003	商业	Ⅲ	侧面	38.00	13.9	25	满足
	2002	商业	Ⅲ	侧面	35.48	14.2	25	满足
3~6	3046	商业	Ⅲ	侧面	30.83	15.7	25	满足
	3042	商业	Ⅲ	侧面	33.50	17.5	25	满足
	3039	商业	Ⅲ	侧面	33.73	17.3	25	满足
	3034	商业	Ⅲ	侧面	33.75	17.3	25	满足
	3030	商业	Ⅲ	侧面	33.75	17.4	25	满足
	3026	商业	Ⅲ	侧面	33.75	17.3	25	满足
	3001	商业	Ⅲ	侧面	74.06	16.1	25	满足
	3003	商业	Ⅲ	侧面	38.00	16.3	25	满足
	3004	商业	Ⅲ	侧面	31.70	16.1	25	满足
	3005	商业	Ⅲ	侧面	33.70	16.5	25	满足
	3006	商业	Ⅲ	侧面	33.24	16.7	25	满足
	3007	商业	Ⅲ	侧面	33.82	17.1	25	满足
	3008	商业	Ⅲ	侧面	33.07	17.1	25	满足
	3009	商业	Ⅲ	侧面	33.60	17.3	25	满足
	3010	商业	Ⅲ	侧面	33.08	17.4	25	满足
	3011	商业	Ⅲ	侧面	33.36	16.0	25	满足
	3012	商业	Ⅲ	侧面	32.97	17.6	25	满足
	3016	商业	Ⅲ	侧面	32.68	16.2	25	满足
	3025	商业	Ⅲ	侧面	31.19	15.2	25	满足
	3023	商业	Ⅲ	侧面	30.92	17.4	25	满足
	3024	商业	Ⅲ	侧面	28.86	16.9	25	满足
	3002	商业	Ⅲ	侧面	35.48	15.7	25	满足
	3032	商业	Ⅲ	侧面	22.69	15.6	25	满足
	3035	商业	Ⅲ	侧面	23.08	16.0	25	满足
	3038	商业	Ⅲ	侧面	23.08	16.3	25	满足
	3041	商业	Ⅲ	侧面	23.08	16.4	25	满足
	3044	商业	Ⅲ	侧面	24.99	16.6	25	满足
	3045	商业	Ⅲ	侧面	24.28	16.7	25	满足

（续）

楼层	房间编号	房间类型	采光等级	采光类型	房间面积/m²	眩光指数DGI	DGI限值	结论
7	7013	商业	Ⅲ	侧面	33.75	17.1	25	满足
	7017	商业	Ⅲ	侧面	33.75	17.0	25	满足
	7022	商业	Ⅲ	侧面	33.73	16.9	25	满足
	7025	商业	Ⅲ	侧面	33.50	17.1	25	满足
	7029	商业	Ⅲ	侧面	30.96	15.8	25	满足
	7015	商业	Ⅲ	侧面	22.78	16.8	25	满足
	7018	商业	Ⅲ	侧面	23.08	16.8	25	满足
	7021	商业	Ⅲ	侧面	23.08	16.8	25	满足
	7024	商业	Ⅲ	侧面	23.08	16.8	25	满足
	7027	商业	Ⅲ	侧面	24.99	16.9	25	满足
	7028	商业	Ⅲ	侧面	24.43	17.0	25	满足

在计算采光均匀度时，要求主要功能房间的最大采光系数和平均采光系数的比值小于6，才能满足眩光控制要求。表3-47为摘录的部分1~3#楼分析数据。

表3-47　1~3#楼采光均匀度分析结果（部分）

楼层	房间编号	房间类型	采光等级	采光类型	最大值	平均值	采光均匀度	结论
1	1001	商业	Ⅲ	侧面	25.08	5.00	5.02	满足
	1002	商业	Ⅲ	侧面	11.95	2.47	4.84	满足
	1004	商业	Ⅲ	侧面	11.91	2.89	4.12	满足
	1006	商业	Ⅲ	侧面	11.87	2.22	5.35	满足
	1007	商业	Ⅲ	侧面	12.08	2.81	4.30	满足
	1008	商业	Ⅲ	侧面	12.13	2.95	4.12	满足
	1012	商业	Ⅲ	侧面	4.14	0.82	5.02	满足
	1013	商业	Ⅲ	侧面	6.96	1.17	5.97	满足
	1023	商业	Ⅲ	侧面	12.70	2.81	4.52	满足
	1039	接待室	Ⅲ	侧面	9.28	3.61	2.57	满足
	1052	指挥大厅	Ⅲ	侧面	32.17	10.16	3.16	满足
2	2001	商业	Ⅲ	侧面	30.48	7.80	3.91	满足
	2002	商业	Ⅲ	侧面	11.86	2.31	5.13	满足
	2003	商业	Ⅲ	侧面	11.96	2.21	5.42	满足
	2004	商业	Ⅲ	侧面	12.03	2.66	4.52	满足
	2005	商业	Ⅲ	侧面	12.13	2.60	4.66	满足
	2006	商业	Ⅲ	侧面	12.09	2.63	4.60	满足
	2007	商业	Ⅲ	侧面	12.20	2.52	4.84	满足

（续）

楼层	房间编号	房间类型	采光等级	采光类型	最大值	平均值	采光均匀度	结论
2	2008	商业	Ⅲ	侧面	12.16	2.69	4.52	满足
	2009	商业	Ⅲ	侧面	12.15	2.84	4.28	满足
	2010	商业	Ⅲ	侧面	12.27	2.75	4.46	满足
	2011	商业	Ⅲ	侧面	12.09	2.84	4.26	满足
	2012	商业	Ⅲ	侧面	12.12	2.68	4.52	满足
	2018	物业管理用房	Ⅲ	侧面	6.19	1.28	4.83	满足
	2020	商业	Ⅲ	侧面	8.18	1.69	4.84	满足
	2025	商业	Ⅲ	侧面	8.60	1.81	4.74	满足
	2026	商业	Ⅲ	侧面	11.61	4.11	2.83	满足
	2030	办公	Ⅲ	侧面	12.38	4.15	2.98	满足
	2041	办公室	Ⅲ	侧面	10.79	2.47	4.37	满足
	2053	会议室	Ⅲ	侧面	13.24	6.04	2.19	满足
	2055	包厢	Ⅲ	侧面	2.15	1.69	1.27	满足
	2056	包厢	Ⅲ	侧面	1.47	1.18	1.24	满足
	2057	包厢	Ⅲ	侧面	11.69	7.12	1.64	满足
3~6	3001	商业	Ⅲ	侧面	31.11	7.88	3.95	满足
	3002	商业	Ⅲ	侧面	12.32	2.46	5.02	满足
	3003	商业	Ⅲ	侧面	12.05	2.29	5.26	满足
	3004	商业	Ⅲ	侧面	12.18	2.81	4.34	满足
	3005	商业	Ⅲ	侧面	12.14	2.68	4.53	满足
	3006	商业	Ⅲ	侧面	12.19	2.69	4.53	满足
	3007	商业	Ⅲ	侧面	12.12	2.55	4.75	满足
	3008	商业	Ⅲ	侧面	12.30	2.75	4.48	满足
	3009	商业	Ⅲ	侧面	12.44	2.92	4.27	满足
	3010	商业	Ⅲ	侧面	12.58	2.81	4.47	满足
	3011	商业	Ⅲ	侧面	12.33	2.88	4.29	满足
	3012	商业	Ⅲ	侧面	12.03	2.71	4.44	满足
	3016	商业	Ⅲ	侧面	9.43	1.96	4.82	满足
	3023	商业	Ⅲ	侧面	7.53	1.26	5.96	满足
	3024	商业	Ⅲ	侧面	7.78	1.41	5.53	满足
	3025	商业	Ⅲ	侧面	9.06	1.92	4.72	满足
	3026	商业	Ⅲ	侧面	11.97	4.08	2.94	满足
	3030	商业	Ⅲ	侧面	12.39	4.78	2.59	满足
	3032	商业	Ⅲ	侧面	6.96	2.28	3.05	满足
	3034	商业	Ⅲ	侧面	12.32	4.78	2.58	满足

（续）

楼层	房间编号	房间类型	采光等级	采光类型	最大值	平均值	采光均匀度	结论
3~6	3035	商业	Ⅲ	侧面	7.78	2.56	3.05	满足
	3038	商业	Ⅲ	侧面	8.71	2.64	3.30	满足
	3039	商业	Ⅲ	侧面	12.96	4.77	2.72	满足
	3041	商业	Ⅲ	侧面	9.08	2.85	3.19	满足
	3042	商业	Ⅲ	侧面	12.05	4.50	2.68	满足
	3044	商业	Ⅲ	侧面	9.48	2.91	3.26	满足
	3045	商业	Ⅲ	侧面	9.18	2.86	3.21	满足
	3046	商业	Ⅲ	侧面	12.32	5.02	2.46	满足
7	7013	商业	Ⅲ	侧面	12.76	4.46	2.86	满足
	7015	商业	Ⅲ	侧面	10.57	3.10	3.41	满足
	7017	商业	Ⅲ	侧面	12.66	4.51	2.81	满足
	7018	商业	Ⅲ	侧面	10.95	3.14	3.48	满足
	7021	商业	Ⅲ	侧面	10.74	3.08	3.48	满足
	7022	商业	Ⅲ	侧面	12.63	4.46	2.83	满足
	7024	商业	Ⅲ	侧面	11.02	3.06	3.59	满足
	7025	商业	Ⅲ	侧面	11.93	4.22	2.83	满足
	7027	商业	Ⅲ	侧面	10.78	2.96	3.64	满足
	7028	商业	Ⅲ	侧面	10.21	2.93	3.48	满足
	7029	商业	Ⅲ	侧面	11.98	5.12	2.34	满足

因此，根据《标准》2019版的5.2.8条款要求，智韵大厦项目主要功能房间有眩光控制措施，能合理控制眩光项目，自评得分3分。

智韵大厦项目位于天津寒冷地区，冬季充分利用自然光照获取热量，降低采暖负荷，为获得足够的日照，建筑主朝向为南向，建筑主入口位于建筑南侧，避免冬季主导风向的侵入。同时，夏季、过渡季能充分利用天然采光，不仅有利于照明节能，而且有利于增加室内外的自然信息交流，改善空间卫生环境，调节空间使用者的心情。在建筑中充分利用天然光，对于创造良好光环境、节约能源、保护环境和构建绿色建筑具有重要意义。

3.5　光污染模拟分析

光污染是继废气、废水、废渣和噪声等污染之后的一种新的环境污染源，主要分为三类：白亮污染、人工白昼污染和彩光污染。室内光污染的长期持续出现，会影响日常生活和工作，使得人们表现出视力减退、头晕目眩、情绪低落等症状，并可能引发多种疾病。

3.5.1 玻璃幕墙光污染模拟分析

玻璃幕墙是一种美观新颖的建筑墙体装饰方法，是现代主义高层建筑时代的显著特征。玻璃幕墙存在的光污染是由玻璃幕墙反射阳光（强光）而产生的有害光反射。高层建筑的幕墙上采用了涂膜玻璃或镀膜玻璃，当直射日光照射到玻璃表面时由于玻璃的镜面反射会产生反射眩光。具体来说，太阳光可以近似看作是平行光，当一束平行光入射到光滑的平面上时，就会发生镜面反射，反射光也是平行光。平行光只沿一个方向传播，在该方向上光强较强，看起来非常耀眼，从而形成反射眩光。玻璃幕墙由一块块大块玻璃构成，表面光滑，对太阳光进行镜面反射而形成的眩光射入人眼就会使人看不清正常的东西，这种情况对行驶在公路上的驾驶员的危害尤为明显，当反射光进入高速行驶的汽车内，会造成人的突发性暂时失明和眩晕，导致意外交通事故发生。

同时，光污染也给附近的居民生活带来麻烦，尤其是居民小区附近的玻璃幕墙，会对周围的建筑形成反光，影响人们的正常居住使用，长期生活、工作在此的人们可能出现生理和心理问题。所以，需要控制玻璃幕墙反光对人们在道路交通和周边建筑中生活的影响。

1. 评价标准

智韵大厦项目通过合理地选用玻璃幕墙的玻璃材料、限制玻璃幕墙的位置与面积、优化幕墙构造技术、协调玻璃幕墙与周围环境的颜色等，在一定程度上降低了幕墙玻璃产品造成的光污染，同时加强了城市绿化，可有效地防止了玻璃幕墙引起的有害反射。本项目相关光环境规则及评价见表3-48。

表3-48 相关光环境规则及评价

《绿色建筑评价标准》（GB/T 50378—2019）	
检查项	评价依据
得分项8.2.7	建筑幕墙的可见光反射比及反射光对周边环境的影响符合《玻璃幕墙光热性能》（GB/T 18091—2015）的规定，得5分
《玻璃幕墙光热性能》（GB/T 18091）	
4.11	在周边建筑窗台面的连续滞留时间不应超过30min
4.12	在驾驶员前进方向垂直角20°，水平角±30°内，行车距离100m内，玻璃幕墙对机动车驾驶员不应造成连续有害反射光

项目采用日照分析软件Sun（绿建斯维尔）进行模拟分析，利用软件根据模型中的玻璃幕墙位置，全年取冬至、小寒、大寒、立春、雨水、惊蛰、春分、清明、谷水、立夏、小满、芒种、夏至13个典型日模拟玻璃幕墙反射光对周边建筑窗台和周边道路的影响。

2. 计算原理

玻璃幕墙光污染分析是对玻璃幕墙反射光对道路和周边建筑的影响进行定量计算。首先确定玻璃幕墙安装位置以及周边建筑、周边道路的布局情况，并对计算参数进行设置。

项目采用日照分析软件 Sun 为建筑规划提供日照分析工具、绿色建筑指标及太阳能利用模块，分析软件包含丰富的定量分析手段、直观的可视化日照仿真及多种彩图展示，并通过共享模型技术解决日照分析、绿色建筑指标分析、太阳能计算问题。

第一，玻璃幕墙反射光分析应选取典型日进行。

第二，玻璃幕墙反射光对周边建筑的影响分析选择日出后至日落前太阳高度角不低于 10° 的时段进行。

3. 计算结果

光污染分析结果中，窗反射表用于分析幕墙对周围建筑窗的影响；路反射表分析计算日期设置中参与计算的典型日下，玻璃幕墙对道路上驾驶员产生连续有害反射光的最大长度，由路反射表确定玻璃幕墙光污染最长的受影响路段。玻璃幕墙光污染受影响最长的路段为 12 月 22 日（冬至）日时的洞庭路 1 道路，受影响最大长度为 14m。

本项目依据相应评价指标进行分析，包括玻璃幕墙反射光对周边建筑窗台的连续滞留时间以及对受影响最不利路段长度，自评得分 5 分，情况具体分析结果见表 3-49。

表 3-49　玻璃幕墙光污染最长路段

标准项	分析结果	标准要求上限	得分
最大受影响长度/m	14	100	5
最长滞留时间/min	12	30	

3.5.2　室外夜景照明光污染模拟分析

室外夜景照明光污染是指由于室外夜景照明干扰光或过量的光辐射对人、生态环境和天文观测等造成的负面影响。为避免光污染的产生，在夜景照明设计中应选择适宜的灯具，保证满足照明要求的前提下减小灯具功率。同时需合理布置灯具的安装位置，避免光污染的产生。

第一，玻璃幕墙、铝塑板墙、釉面砖墙或其他具有光滑表面的建筑物不宜采用投光照明设计。

第二，对于住宅、宿舍、教学楼等不宜采用泛光照明。

第三，住宅小区室外照明设计时尽量避免将灯具安装在邻近住宅的窗户附近。

第四，绿化景观的投光照明尽量采用间接式投光，以减少光线直射形成的光。

第五，在满足照明要求的前提下减小灯具功率。

1. 评价标准

本项目以《标准》2019 版中 8.2.7 条内容为评价依据，对室外夜景光污染提出明确要求，即"建筑及照明设计避免产生光污染，评价总分值为 10 分"。

并按下列规则分别评分并累计：

室外夜景照明光污染的限制符合现行国家标准《室外照明干扰光限制规范》（GB/T 35626）和现行行业标准《城市夜景照明设计规范》（JGJ/T 163）的规定，得 5 分。

2. 计算原理

灯具布置：项目进行夜景照明光污染分析时，根据项目设计图进行灯具布置，项目选用灯具的具体信息见表 3-50。

表 3-50　灯具参数

灯具名称	光通量/lm	功率/W	尺寸/mm	形状	备注
LED 线条灯	960	12	28	带状	
洗墙灯	2400	24	23	带状	

灯具配光曲线：配光曲线表示一个灯具或光源发射出的光在空间中的分布情况。它可以记录灯具的光通量、光源数量、功率、功率因数、灯具尺寸、灯具效率（包括灯具制造商、型号）等信息，重点记录灯具在各个方向上的光强。

为了便于对各种照明灯具的光分布特性进行比较，统一规定以光通量为 1000lm 的假想光源来提供光强分布数据。因此，实际光强应是测光资料提供的光强值乘以光源实际光通量与 1000 的比值。

夜景照明分析：居住区和步行区的夜景照明设施可能使行人和骑车、驾车者产生不舒适眩光感。特别是安装高度较低且安装在杆顶的灯具。标准对灯具眩光做出限制，不同安装高度的灯具 LA0.5 值不得超过限值（L 为灯具在与向下垂线 85°和 90°方向间的最大平均亮度，A 为灯具在与向下垂线 90°方向的出光面积）。

各灯具在与向下垂线成 85°和 90°方向间的最大平均亮度为 0cd/m²，项目中夜景照明灯具满足眩光限制要求。

上射光通比：即灯具所处位置水平面以上的光通量与灯具总光通量之比，一般利用上射光通比这一指标来控制灯具的上射光影响。上射光会使得夜空发亮妨碍天文观测。

通过灯具配光曲线可知：灯具所处位置水平面以上的光通量与灯具总光通量之比为 0，本项目中夜景照明灯具上射光通比符合规范限值要求。

夜景照明模拟：项目通过 DALI 建立模型进行夜景照明分析，模拟灯具对建筑立面照度和亮度的影响。DALI 利用 Radiance 内核进行室外照明模拟分析，项目模型如图 3-34 所示。

立面照度：夜景照明设施对住宅窗户外表面产生的垂直面照度可通过照度

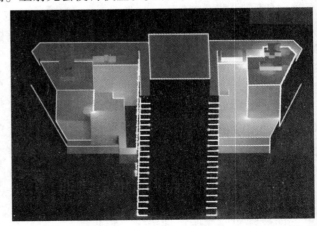

图 3-34　夜景照明模型图

图查看。项目位于 E4 区域，需满足熄灯时段最大允许值为 5lx 的要求。通过图 3-35 可知，建筑立面照度基本在 2.0lx 以下，满足要求。

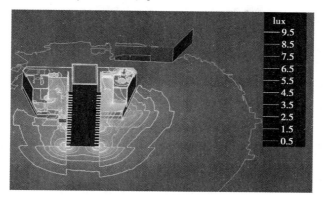

图 3-35　建筑立面照度伪彩图

立面亮度：夜景照明灯具全部开启时，建筑立面亮度基本在 0.5cd/m² 以下。满足建筑立面产生的平均亮度 E4 环境区域最大允许值为 25cd/m² 的要求，如图 3-36 所示。

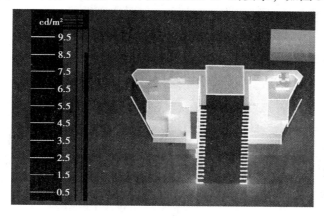

图 3-36　建筑立面亮度伪彩图

3. 计算结果

项目应用 DALI 软件基于《绿色建筑评价标准》（GB/T 50378）要求，结合《室外照明干扰光限制规范》（GB/T 35626）标准要求进行夜景照明光污染模拟分析。模拟立面照度和立面亮度结果，对照相关标准要求可知项目达标情况，见表 3-51。根据《标准》2019 版中第 8.2.7 条的评分规定，本项目得 5 分。

表 3-51　立面照度+立面亮度模拟结果

照明技术参数	应用条件	模拟结果	标准限值	达标判断
垂直面照度/lx	熄灯时段前	<2.0	25.0	是
	熄灯时段	<2.0	5.0	是
建筑立面亮度/（cd/m²）	熄灯时段前	<0.5	25.0	是

3.6 建筑可再生能源利用

根据《太阳能资源评估方法》（QX/T 89—2018），全国大致分为四类地区，见表3-52，天津地区属于太阳能资源较丰富地区（二类）。

表3-52 全国太阳能资源划分

等级	资源代号	年总辐射量/（MJ/m²）	年日照时数/h	等量热量所需标准燃煤/kg
最丰富地区	I	6680~8400	3200~3300	225~285kg
较丰富地区	II	5852~6680	3000~3200	200~225kg
中等地区	III	5016~5852	2200~3000	170~200kg
较差地区	IV	4180~5016	1400~2000	140~170kg
最差地区	V	3344~4180	1000~1400	115~140kg

目前市场上的太阳能利用技术主要有三种，一是太阳能热利用技术，即把太阳辐射能转换成热能并加以利用；二是太阳能光伏发电技术，即利用半导体材料等的光伏效应原理制造太阳能光伏板，将光能转换成电能；三是太阳能空调技术。太阳能热水及太阳能发电技术发展相对成熟，项目中主要采用太阳能光伏发电技术。

3.6.1 太阳能光伏发电技术

在长期能源战略中，太阳能光伏发电将成为人类社会未来能源的基石、世界能源舞台的主角。现在世界上许多国家都加大了对太阳能光伏发电技术的研究并制定了相关政策来鼓励太阳能产业的发展。近几年世界太阳能电池组件的年平均增长率约为33%，光伏产业已成为当今发展最迅速的高新技术产业之一。

我国太阳能光伏发电的开发和研究起步于20世纪70年代，2000年我国的光伏发电技术步入大规模并网发电阶段。2002年，我国政府启动了"光明工程""送电到乡工程"等项目，重点开发和利用太阳能光伏发电技术。目前，太阳能光伏电池中的多晶硅材料已实现了大部分的国产化和规模化，生产光伏电池的成本显著下降，光伏发电具备了大规模应用的市场条件。

1. 太阳能电池组件

太阳能电池简称光伏组件，是将太阳能电池块用导线串联和并联后形成一定电压和功率的组件。在工艺上经密封、刚化、框架化处理后可用在工业生产过程中，如作为照明、独立供电、光伏发电的基本单元。为了满足负载供电的需要，通常将十几个或者几十个甚至上百个组件组合在一起，构成太阳能电池阵列安装在地面或者建筑上。

2. 太阳能电池材料的分类

为了提高利用太阳能的效率，太阳能电池材料的选择至关重要。新型太阳能电池材料的研发、制作、应用成为近年来最具潜力的研究领域。根据基体材料的不同，太阳能电池可以分为晶体硅太阳能电池、非晶硅太阳能电池、微晶硅薄膜太阳能电池、纳米硅薄膜太阳能电池、化合物太阳能电池、有机半导体太阳能电池等。其中，晶体硅太阳能电池包括单晶硅太阳能电池、片状多晶硅太阳能电池、铸锭多晶硅太阳能电池、桶状多晶硅太阳能电池、球状多晶硅太阳能电池等；化合物太阳能电池包括硫化镉太阳能电池、碲化镉太阳能电池、砷化镓太阳能电池等。

3. 太阳能电池发电原理

太阳能电池是一种对光有响应并能将光能转换成电力的器件。现以晶体硅为例描述光发电过程，P 型晶体硅经过掺杂磷可得 N 型硅，形成 P-N 结，如图 3-37 所示。

当光线照射到太阳能电池表面时，一部分光子被硅材料吸收，光子的能量传递给了硅原子，使电子发生跃迁，成为自由电子，在 P-N 结两侧集聚形成电位差，当外部接通电路时，在该电压的作用下，将会有电流流过外部电路产生一定的输出功率。这个过程的实质是光子能量转换成电能的过程。

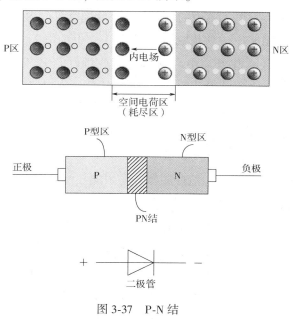

图 3-37　P-N 结

4. 光伏发电系统的分类

光伏发电系统按与电力系统的关系可以分为离网光伏发电系统、并网光伏发电系统。离网光伏发电系统主要由太阳能电池组件、控制器、蓄电池组成，若要为交流负载供电，还需要配置交流逆变器。并网光伏发电系统是太阳能组件产生的直流电经过并网逆变器转换成符合市电电网要求的交流电之后接入公共电网，可以分为带蓄电池的并网发电系统和不带蓄电池的并网发电系统。

3.6.2　离网光伏发电系统

离网光伏发电系统利用日间光照进行发电，夜间系统无太阳能不发电，因此为提供夜间供电，需要将日间所发的电能储存起来以备夜间或无日照时使用。

光伏方阵在有光照的情况下将太阳能转换为电能，通过太阳能充放电控制器给负载供电，同时给蓄电池组充电；在无光照时，通过太阳能充放电控制器由蓄电池组给直流负载供电，同时蓄电池还要直接给独立逆变器供电，通过独立逆变器逆变成交流电，给交流负载供电。

离网光伏发电系统也叫独立光伏发电系统。严格地说，电力系统将 kW 级以上的独立光伏发电系统称为离网光伏发电系统。独立光伏发电系统规模大小一般相差很大，功率范围从几毫瓦到几千瓦不等，整个系统可以用单块光伏电池组件，也可以用多块光伏电池组件形成光伏阵列作为唯一的能量来源。尽管如此，其典型结构基本相同。

离网光伏发电系统可以不受距离和供电条件的影响，自发自用，将多余电量储存，一般蓄电池能储存的电量可以满足用户正常用电 3 天，以保证用户在连续阴雨天仍可以正常用电。

1. 基本构成

离网光伏发电系统主要由太阳能电池板、控制器、蓄电池组成，若要为交流负载供电，还需要配置交流逆变器，如图 3-38 所示。

（1）太阳能电池板　太阳能电池板是太阳能发电系统中的核心部分，也是太阳能发电系统中价值最高的部分，其产生的电能，或送往蓄电池中存储起来，或推动负载工作。太阳能电池板的转换率和使用寿命是决定太阳能电池是否具有使用价值的重要因素。该组件可用于各种户用光伏系统、独立光伏电站和并网光伏电站等。

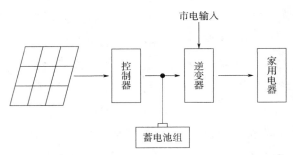

图 3-38　离网光伏发电系统框图

（2）太阳能控制器　太阳能控制器是由专用处理器 CPU、电子元器件、显示器、开关功率管等组成。主要特点包括：采用单片机和专用软件，实现了智能控制；利用蓄电池放电率特性修正来实现准确放电控制。具有过充、过放、电子短路、过载保护、独特的防反接保护等全自动控制功能；以上保护均不损坏任何部件，不烧保险；采用了串联式 PWM 充电主电路，使充电回路的电压损失较使用二极管的充电电路降低近一半，充电效率较非 PWM 高 3%~6%，增加了用电时间；同时具有高精度温度补偿；直观的 LED 发光管可指示当前蓄电池状态，让用户了解使用状况；所有控制全部采用工业级芯片，能在寒冷、高温、潮湿环境运行自如。使用晶振定时控制会更精确；取消了电位器调整控制设定点，而利用了 E 方存储器记录各工作控制点，使设置数字化，消除了因电位器震动偏位等引起的准确性和可靠性不够等因素；使用了数字 LED 显示及设置，一键式操作即可完成所有设置，使用极其方便。

太阳能控制器的作用是控制整个系统的工作状态，并对蓄电池起到过充电保护、过放电保护的作用。在温差较大的地方，合格的控制器还应具备温度补偿功能。其他如光控开关、时控开关都应当是控制器的附加功能。

（3）蓄电池　蓄电池的作用是在有光照时将太阳能电池板所发出的电能储存起来，到需要的时候再释放出来。国内广泛使用的太阳能蓄电池主要有：铅酸免维护蓄电池和胶体蓄电池。这两类蓄电池，因为其固有的"免"维护特性及对环境污染较少的特点，颇适合用于性能可靠的太阳能光伏系统，特别是无人值守的工作站。一般为铅酸电池，小微型系统中，也可用镍氢电池、镍镉电池或锂电池。在并网太阳能发电系统中，可不加蓄电池组。

（4）逆变器　太阳能的直接输出一般都是 12VDC、24VDC、48VDC。为能向 220VAC 的电器提供电能，需要将太阳能发电系统所发出的直流电能转换成交流电能，因此需要使用 DC-AC 逆变器，如图 3-39 所示。

2. 系统形式

根据用电负载的不同，离网光伏发电系统可分为以下几种形式：

（1）无蓄电池的直流光伏发电系统　其特点是：用电负载是直流负载，负载主要在白天使用。太阳能电池与用电负载直接连接，有阳光时就发电供负载工作，无阳光时就停止工作。系统不需要使用控制器，也没有蓄电池等储能装置，因此避免了在蓄电池的存储和释放过程中造成的损失，提高了太阳能利用效率。

图 3-39　逆变器

（2）有蓄电池的直流光伏发电系统　有蓄电池的直流光伏发电系统由太阳能电池、充放电控制器、蓄电池以及直流负载等组成。有阳光时太阳能电池将光能转换为电能供负载使用并同时向蓄电池存储电能。夜间或阴雨天时则由蓄电池向负载供电。这种系统应用广泛，小到太阳能草坪灯、庭院灯，大到远离电网的移动通信基站、中转站、边远地区农村供电等。当系统容量和负载功率较大时，就需要配备太阳能电池方阵和蓄电池组了。

（3）交流光伏发电系统　与直流光伏发电系统相比，该系统多了一个交流逆变器，用以把直流电转换成交流电，为交流负载提供电能。

（4）交、直流混合光伏发电系统　交、直流混合光伏发电系统既能为直流负载供电，也能为交流负载供电。

（5）市电互补型光伏发电系统　市电互补型光伏发电系统，是在独立光伏发电系统中以太阳能光伏发电为主，以普通 220V 交流电补充为辅。这样光伏发电系统中太阳能电池和蓄电池的容量都可以设计得小一些，基本上是当天有阳光，当天就用太阳能发电，遇到阴雨天时就用市电进行补充。我国大部分地区多年都有 2/3 以上的晴好天气，这种形式既减小了太阳能光伏发电系统的一次性投资，又有显著的节能减排效果，是太阳能光伏发电系统在现阶段推广和普及过程中的一个过渡性好办法。

3. 系统设计要点

离网光伏发电系统设计应根据气候区特点、太阳能资源条件、建筑物类型、安装等进行，应至少包括：

1）建筑负载用电量及供电电压等级设计。

2）确定光伏组件安装角度，计算系统峰值输出功率，确定光伏组件选型，完成方阵电气设计。

3）确定蓄电池容量。

4）监控系统设计。

5）系统防火设计。

6）附属设施设计。

3.6.3　并网光伏发电系统

并网光伏发电系统是指将光伏阵列输出的直流电转化为与电网电压同幅值、同频、同相的交流电，并与电网连接将能量输送到电网的技术系统。

并网光伏发电系统有集中式大型并网光伏系统和分散式小型并网光伏系统。集中式大型并网光伏电站一般是国家级电站，主要特点是将所发电能直接输送到电网，由电网统一调配向用户供电。这种电站投资大，建设周期长，占地面积大，需要复杂的控制和配电设备。而分散式小型并网光伏系统，特别是与建筑物相结合的屋顶光伏发电系统、光伏建筑一体化发电系统等，由于投资小、建设快、占地面积小、政策支持力度大等优点，是目前并网光伏发电的主流。

在光伏发电并网过程中，涉及的关键技术主要包括：光伏并网逆变技术、光伏并网监控技术、反孤岛保护技术、低电压穿越以及直流并网技术等。

1. 基本构成

并网光伏发电系统主要由太阳能电池板、逆变器、交流配电柜等构成，详见图 3-40 所示。

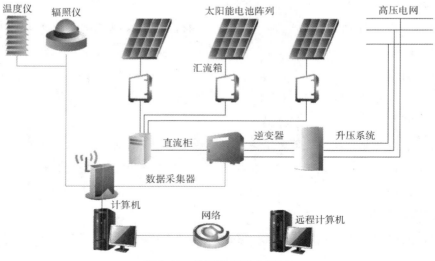

图 3-40　并网光伏发电系统

（1）太阳能电池板　太阳能电池板是太阳能发电系统中的核心部分，与离网光伏发电系统的作用一致，在此不再赘述。

（2）逆变器　逆变器是实现光伏并网的重要组成部分，主要作用是将光伏电池产生的直流电能转化为交流电能，从而实现与电网电能的交互。目前常用的逆变器包括集中式逆变器、组串式逆变器和微型逆变器三类，不同类型逆变器的技术特点不同，适用于不同的光伏发电系统。

（3）交流配电柜　交流配电柜在电站系统的主要作用是对备用逆变器的切换功能，保证系统的正常供电，同时还有对线路电能的计量作用。

2. 系统形式

常见的并网光伏发电系统一般有下列几种形式。

（1）有逆流并网光伏发电系统　当光伏发电系统发出的电能充裕时，可将剩余电能接入公共电网，向电网送电（卖电）；当光伏发电系统提供的电力不足时，由电网向负载供电（买电）。由于该系统向电网送电时与由电网供电的方向相反，所以称为有逆流并网光伏发电系统。

（2）无逆流并网光伏发电系统　即使发电充裕时也不向公共电网供电，但当光伏系统供电不足时，则由公共电网向负载供电。

（3）切换型并网光伏发电系统　所谓切换型并网光伏发电系统，实际上是具有自动运行双向切换的功能。当光伏发电系统因多云、阴雨天及自身故障等导致发电量不足时，切换器将自动切换到公共电网供电一侧，由电网向负载供电；当电网因为某种原因突然停电时，光伏系统可以自动切换使电网与光伏系统分离，进入独立光伏发电系统的工作状态。某些切换型光伏发电系统，可以在需要时断开一般负载的供电，接通应急负载的供电。

（4）有储能装置的并网光伏发电系统　有储能装置的并网光伏发电系统是在上述几类并网光伏发电系统中根据需要配置储能装置。带有储能装置的光伏系统主动性较强，当电网出现停电、限电及故障时，可独立运行并正常向负载供电。因此，带有储能装置的并网光伏发电系统可作为紧急通信电源、医疗设备、加油站、避难场所指示及照明等重要场所或应急负载的供电系统。

（5）大型并网光伏发电系统　大型并网光伏发电系统由若干个并网光伏发电单元组合而成。

3. 并网供电方式对系统的要求

采用"并网供电方式"时，太阳能光伏发电系统所发出的直流电，通常情况下通过逆变器变换生成交流电，或者向电网发送电能，或者与电网端一起输出到低压负载，即当时发电当时使用。由于"并网供电方式"要求太阳能光伏发电系统的逆变器输出与电网并联的两组电源电压、相位、频率等电气特性应一致，因此采用"并网供电方式"需要解决的根本问题是：如何保证太阳能光伏系统向交流负载提供的电能和向公共电网发送电能时的质量始终处于受控状态，保证在电网低压接入时对外供电网的影响最小。为此，"并网供电方式"对太阳能光伏发电系统的要求如下：

并网光伏发电系统在与公共电网连接时需通过变压器等进行电气隔离，形成与公共电网市政供电线路之间明显的分界点，并且保证并网太阳能光伏发电系统的发电容量在上级变压器容量的20%以内；同时实现直流隔离，使逆变器向电网馈送的直流电流分量不超过其交流额定值的1%。

太阳能光伏发电系统的输出电压、相位、频率、谐波和功率因数等参数在满足实用要求的同时，能够随着公共电网的相关参数而改变。

设置相应的并网保护装置，一旦出现光伏系统发电异常或故障时，能够自动将光伏系统与电网分离。

太阳能光伏系统的逆变器输出端与公共电网在低压端并接时，自控装置要对公共电网的电压、相位、频率等参数进行采样，实时调整逆变器的输出，保证并网光伏发电系统与公共电网的同步运行，从而不造成电网电压波形过度畸变，不导致注入电网过多的谐波电流。

4. 并网光伏发电系统应用案例

2021年，中国石化福建漳州石油分公司首座分布式光伏发电项目，在漳州市区延北加油站完成安装，成功并网发电。该项目利用加油站屋顶建设分布式光伏发电站，安装面积312m²，总装机容量41.42kW，预计年发电量4.79万kW·h，每年可减少二氧化碳排放38.8t，每年可节约电费约2.4万元，节省了大量成本，减少了污染。

3.6.4 太阳能光伏建筑一体化技术

2020年11月，中国建筑节能协会能耗专委会发布了一份详细测算中国建筑领域能源消耗和碳排放数据的报告。该报告发现2018年我国全年建筑领域碳排放总量近五十亿吨，超过了当年全国碳排放量的一半。考虑到随处可见的太阳能资源和广阔的建筑屋顶和外墙，打造光伏发电组件与建筑完美融合的"光伏建筑一体化"，推动建筑从传统的耗能型到符合可持续发展的产能型，势必成为绿色建筑走可持续发展道路的最优选择。

光伏建筑一体化的主要形式有如下两种：

（1）建筑与光伏系统相结合 将封装好的光伏组件（平板或曲面板）安装在居民住宅或其他建筑物的屋顶上，再与逆变器、蓄电池、控制器、负载等装置相连，并可与外界电网相连，由光伏系统和电网并联向住宅（用户）供电，多余电力向电网输送，不足电力从电网取用。

（2）建筑与光伏组件相结合，将光伏组件与建筑材料集成化 一般的建筑物外围护表面采用涂料、装饰瓷砖或幕墙玻璃，目的是为了保护和装饰建筑物。如果用光伏组件代替部分建材，用光伏组件来做建筑物的屋顶、外墙和窗户，这样既可用作建材也可用于发电。把光伏组件用作建材，必须具备建材所要求的性能：坚固耐用、保温隔热、防水防潮、适当的强度和刚度等。若是用于窗户、天窗等，则必须能够透光。除此之外，还要考虑安全性能、外观和施工简便等因素。

此外，光伏组件在与建筑相结合应用时，还应考虑两个重要因素：①为保证光伏组件有较高的光电转化效率，必须尽量保持光伏组件周围的环境温度处于较低的水平，这就要求光伏组件周围有较好的通风条件，因此在光伏组件设计和安装时，可考虑采用架空形式、双层通风屋面或双层玻璃幕墙形式等。

3.6.5　光伏发电项目工程

智韵大厦项目在 1~3#、5~8#屋顶设置光伏发电系统，设计安装容量为 160.2kW，安装 450W 每块的光伏组件，计算负荷见表 3-53。共计安装 356 块，如图 3-41 所示。

表 3-53　设计负荷统计表

变压器序号	变压器类型及容量/kV·A	计算负荷/kW
1	SCB-2000	1290.15
2	SCB-2000	1471.05
3	SCB-1600	1100.16
4	SCB-1600	1074.096
合计	4 台	4935.456

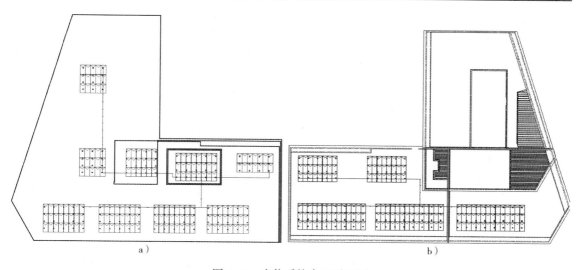

图 3-41　光伏系统布置平面图

a) 1~3#光伏系统布置平面图　b) 5~8#光伏系统布置平面图

项目所处天津地区，按照光伏电站安装倾角和发电量速查表计算得知，天津的最佳安装角度为 35°，首年的预计发电量为 211143.6kWh。按 25 年发电量测算累计发电量为 4743974.405kWh，25 年年平均发电量为 189758.976kWh，见表 3-54。

太阳能光伏发电设计工况下发电机组（如光伏板）的输出功率与供电系统设计负荷之比为：$160.2/4935.46×100\% ≈ 3.25\%$

表 3-54　年度发电量计算表

多晶硅	首年末最低功率	97.50%	25 年末最低功率	80.70%
功率衰减以首年为参照				
年份	功率衰减	年末功率	年发电量/kWh	累计发电量/kWh
1	2.50%	97.50%	211143.6	211143.6
2	0.70%	96.80%	205865.01	417008.61
3	0.70%	96.10%	204387.005	621395.615
4	0.70%	95.40%	202909	824304.615
5	0.70%	94.70%	201430.994	1025735.609
6	0.70%	94.00%	199952.989	1225688.598
7	0.70%	93.30%	198474.984	1424163.582
8	0.70%	92.60%	196996.979	1621160.561
9	0.70%	91.90%	195518.974	1816679.535
10	0.70%	91.20%	194040.968	2010720.503
11	0.70%	90.50%	192562.963	2203283.466
12	0.70%	89.80%	191084.958	2394368.424
13	0.70%	89.10%	189606.953	2583975.377
14	0.70%	88.40%	188128.948	2772104.325
15	0.70%	87.70%	186650.942	2958755.267
16	0.70%	87.00%	185172.937	3143928.204
17	0.70%	86.30%	183694.932	3327623.136
18	0.70%	85.60%	182216.927	3509840.063
19	0.70%	84.90%	180738.922	3690578.985
20	0.70%	84.20%	179260.916	3869839.901
21	0.70%	83.50%	177782.911	4047622.812
22	0.70%	82.80%	176304.906	4223927.718
23	0.70%	82.10%	174826.901	4398754.619
24	0.70%	81.40%	173348.896	4572103.515
25	0.70%	80.70%	171870.89	4743974.405
年平均发电量/kWh			189758.976	

项目光伏发电系统采用并网方式运行，并入所在建筑的低压配电网。建筑内设置专用设备间，设备间内设置直流配电柜、逆变器和交流柜等，总投资约 120 万元。

依据《关于 2021 年新能源上网电价政策有关事项的通知》（发改价格〔2021〕833 号）规定："2021 年新建项目上网电价，按当地燃煤发电基准价执行；新建项目可自愿通过参与市场化交易形成上网电价，以更好体现光伏发电、风电的绿色电力价值"。

依据天津市发改委《市发展改革委关于印发天津市深化燃煤发电上网电价机制改革实施方案的通知》（津发改规〔2019〕6号）规定："基准价按我市现行燃煤发电标杆上网电价即每千瓦时 0.3655 元确定，浮动范围为上浮不超过 10%、下浮原则上不超过 15%"。

因此，本项目年并网电量收益总额为：189758.976kWh×0.3655 元/kWh = 69357 元 ≈ 6.94 万元。

投资回收期为：120/6.94 = 17.29（年）。

依据《标准》2019 版，结合当地气候和自然资源条件合理利用可再生能源，本项目光伏发电输出功率占供配电系统设计总负荷比例为 3.25%，自评得 8 分。

3.6.6　光伏发电系统运行维护与故障排除

光伏发电的发电量不仅受到太阳辐射照度和工作温度的影响，而且和四季、昼夜及阴晴等气象条件有较强的相关性。由于光伏发电具有间歇性和波动性的特点，导致了其在大规模并网发电的过程中存在不稳定性，由此提高了光伏电站规划设计和运行维护的难度。

在大型光伏电站的运行过程中，电气设备是非常重要的元件。只有提高电气设备的运行成效，才能更大发挥大型光伏电站的作用以及功能。结合大型光伏电站电气设备运行维护中凸显的问题，应该做好运行维护及检修工作。

第一，明确巡检工作要点，做好翔实的记录。在大型光伏电站电气设备的运行维护检修过程中，从业技术人员应做好常态化巡视检查工作，及时发现电气设备的故障，同时做好翔实的巡检记录。一方面，光伏电站在其规模容量达到之后，可以将运行和检修两项工作分开，工作人员应对检查工作的项目和周期进行不断优化完善，开展设备点检工作，有效提高运行维护工作人员的巡检工作质量。另一方面，在大型光伏电站电气设备的巡检过程中，专业技术人员应该综合运用各类感官，依托于自身的专业知识以及经验来进行科学研判与分析。此外，在巡检过程中，技术人员还应做好翔实的巡检记录，包括电气设备的运行状态、运行参数、运行温度等，以便基于这些参数或者数值的变化来分析电气设备的故障成因。

第二，组件运行维护工作要点，做好定期化检查。在大型光伏电站电气设备的运行维护过程中，电气设备电池板组件是非常重要的元件，也是运行维护工作的重点内容。在运行维护过程中，必须明确组件维护的工作要点，同时做好定期化、常态化的检查。一方面，在大型光伏电站电气设备运维过程中，应科学做好电池板组件的检查工作。在实际检查过程中，应遵循全面准确的原则，着重检查电池板组件的接线位置是否发生连接不稳固的问题，抑或是分析电池板组件的性能发挥优良与否，还应研判电池板组件是否需要清理等。另一方面，在大型光伏电站电气设备的检测过程中，还应做好定期化的检查，着重检查电池板组件是否存在损坏的情况，抑或是电气设备的电气连接有无问题。一般每隔 6 个月就对所有组件、电线、电气设备以及接地进行定期检查，以此有效保证组件的正常运行。

第三，逆变器运行维护工作要点，做好降温处理。在大型光伏电站电气设备的运行维护检修过程中，核心设备的检修工作是非常重要的。在实际的检修过程中，应该按照科学的标准和流程来做，应重点研判它的值域是否处在正常值域范围内。同时，还应研判它的连接线是否可靠。另一方面，在这类关键设备的检测过程中，应对于通风降温等进行着重考量以及认真研判，分析它的通风性能，防止柜内温度过高导致出现直流空开频繁跳闸的情况发生。

3.7 基于 BIM 技术的绿色建筑节能设计

建筑信息模型简称 BIM，即通过计算机构建虚拟建筑实体的信息模型，并对一些数据进行处理分析。在建筑方案设计过程初期，各专业人员可以同时完成各类信息数据的输入、共享及实时交流沟通。BIM 是一个建筑模型信息库，它将全生命周期内的建筑信息通过整合，建立模型以便于后期进行绿色建筑分析。不仅如此，信息数据的输出是以设计模型为基础的，即便后期修改，也较为准确，由此可避免由于建筑物尺寸大，建造产链长造成的节能评估无法在工程过程当中进行。BIM 技术特点主要体现在以下 3 个方面。

1. 可视化与参数化

BIM 软件生成的 3D 模型是直接用软件设计出来的，而不是由多个 2D 图纸产生的，因此可以在设计的任何阶段，实现精准的 3D 视图。BIM 模型的可视化使得在建筑的设计、施工、运营等全生命周期内都可以提供一个真实的可视的展示和交流平台。而参数化设计使得在设计过程中，设计人员通过调整已经建立好的模型的相关参数，即可实现模型体型等参数的改变。不仅操作方便而且调节精度要高于传统设计中的拉伸、旋转等调节方式。

2. 以建筑信息模型为核心的协同工作

BIM 技术可以促进多个设计专业之间的协同工作。这一点，虽然通过二维绘图各专业也可以进行协作，但是与 3D 模型相比，二维绘图是比较困难和耗时的。BIM 模型在各专业间具有很好的协调性，因此能够减少错误的发生，缩短设计时间。通过 BIM 技术能够提早发现设计中的问题，供设计者进行修改，这比等到设计已接近完成时再进行设计调整，更符合时间和成本效益。

3. 服务于全生命周期的信息管理

BIM 能集成建设项目各个阶段以及不同专业类别的工作信息，将其整合在一个单独的信息模型中。各种信息被完整保存并相互关联，在很大程度上消除了传统设计中跨专业跨阶段的信息流失，减少了因产业割裂产生的资源浪费，避免了不同专业产生的碰撞与错误。

因此，BIM 技术为绿色建筑设计，以及对绿色建筑的"四节"提供了强有力的支持。两者的特性匹配、提供支持见表 3-55 和表 3-56。

表 3-55　BIM 与绿色建筑的特性匹配

特性	BIM 技术	绿色建筑
一致的时间维度	全生命周期的信息集成管理	报建、建造、使用、维修、拆除全生命周期
开放的应用平台	允许导入相关数据进行处理	借助开放平台软件进行能耗、采光等分析
互补的核心功能	整合建立信息数据库，以便优化	在全生命周期内需要材料及设备的完整信息

表 3-56　BIM 对绿色建筑的"四节"提供的支持

"四节"	BIM 技术提供的支持
节地与土地利用	利用 BIM 数据整合，对空间环境等模拟分析，深化并得出布局方案 应用 BIM 软件进行日照、采光、通风模拟分析，优化方案，控制其污染
节能与能源利用	利用 BIM 模型建模的便捷性，优化设计形体、楼间距等减小能耗 建造阶段对建筑材料信息动态进行跟踪，全过程监测，避免浪费
节水与水资源利用	模拟施工，避免实际操作中造成碰撞或管网破损泄漏 利用 BIM 数据库，监测日常用水量，及时止损，节约水源 获取采集雨水数据，用以确定径流系数，做好利用非传统水源的准备 BIM 模型与专业分析软件衔接，进行能耗等模拟，修整参数
节材与绿色建材	利用模型对建筑材料性能的控制，分析是否符合绿色建筑标准，确保接近 BIM 模型的数据库信息可以统计材料用量，合理分配 碰撞检查，避免返工而耽误工期等

在建筑设计整体阶段，二维计算机绘图设计相对于手工绘图设计，无论是设计速度还是设计质量都有了很大的提升，但是目前二维 CAD 绘图仍然存在错误率高、图纸繁多、协作沟通困难以及变更频繁等问题。而利用 BIM 技术将使得协同设计变得很容易完成，并且可以准确和快捷地绘制出项目的 3D 模型方案。

（1）多专业的协作设计　传统设计模式中，由于各专业在设计过程中协作程度不足，因此各专业设计之间很容易出现冲突。而利用 BIM 技术进行设计的过程中，各专业都是基于同一个模型进行设计活动，因此各专业系统方案之间的空间协调性明显好于传统设计，而且大大地缩短了设计时间。在设计过程中，如果将相关的分析软件与 BIM 建模软件结合，可以对设计模型的结构合理性、室内外温度等多个方面进行模拟分析，通过模拟结果再对设计方案的 BIM 模型进行进一步地完善。

（2）3D 设计模型快速绘制　传统二维设计模式下，如果需要描述一个三维空间，需要多个 2D 平面图进行表达。而 BIM 技术的设计过程是基于 3D 平台下进行的 3D 模型绘制，若需要相关平面图时，只需要将 3D 模型进行剖切即可快速准确地形成所需要的平面图。

建筑的复杂性和多样性使得在多个建筑设计软件之间，信息的需求有时是重叠的，相互之间的信息若是能交互使用，则可以使得设计流程变得更加顺畅，从而加速设计的自动化进程。

在深化设计阶段，设计人员需要参照相关技术规范、绿色评价标准等进行设计的细化。

这个过程在 BIM 出现之前，过去的 30 年已出现了大量的电脑化分析软件工具。很大一部分是以建筑物理学为基础，包含结构静力学、动力学、流体力学、热力学以及声学等，许多工具都需要 3D 建筑模型。传统上，这个分析过程在不同专业间是完全割裂的，结构工程师建立适合结构分析的结构模型，设备工程师建立适合能耗分析等的分析模型，这些模型建立的目的很简单，就是进行设计分析使得设计满足相关规范等的要求。多数设计者用适合分析的方法建立模型，因此模型不能直接转换到建筑模型生成图纸，或是指导施工，而且分析过程需要的信息资料需要相当长的时间进行编辑。通过 BIM 跨专业的整合设计可以省去很多深化设计阶段重复建模的过程。初始设计阶段形成的方案模型，不仅代表真正的几何形状，还可以通过 BIM 接口用作导出分析。

图纸是指导施工的重要依据，因此设计人员需要制作大量的施工图来满足业主以及施工方的工作需求。目前设计师的工作量有一半都花在施工图的绘制上，可以说花费了设计师大量的精力和时间。而图纸绘制是 BIM 的一项重要能力，各种平面、剖面、立面图纸和统计报表都可以从 BIM 模型中得到。

因此，在基于 BIM 的绿色建筑设计中，施工图绘制相对前面的设计阶段是最轻松的一项任务。经过设计深化后的设计成果是一个包含有丰富建筑信息的三维模型，而在 BIM 技术中所见即所得，意味着若想绘制平面图，只需将视图界面点到所需平面图的相关楼层即可得到相关楼层的平面图。三维视图下，剖切楼梯即可得到楼梯处的详图；复杂的机房管道布置，在三维视图下也显得清晰直观。

BIM 本身的特点使得图纸绘制变得更像是模型的一种附属品，虽然图纸目前仍是记录和指导建筑建造整个过程的重要方法，但是未来图纸将很可能不再是传递设计信息的唯一方式了，模型将成为法律和合约规定的建筑信息的主要表达方法。

可以说，BIM 技术在建筑节能设计中的应用摒弃了传统设计方式带来的弊端，各专业衔接、数据信息的交换更为方便，节约时间并提高了数据统一性。对于方案设计与能耗计算分析而言，方案设计为能耗计算奠定基础，能耗分析为方案设计优化提供依据，二者相辅相成，摒弃了传统节能设计中能耗计算位于末端的缺陷。再者，我国之前很多工程大多是在施工后才开始性能分析，但由于施工问题无法修改，结果造成能源浪费。基于 BIM 技术的节能设计使得各个阶段串联起来，可以调整建筑间距、建筑高度、墙体厚度、门窗洞口大小、砌块的选用、围护结构的构造、中央空调的选用、采暖通风系统的设计、照明等，为保证达到节能设计的效果、实现可持续发展奠定了坚实的基础。

第4章 智韵大厦绿色施工技术探索与实践

随着我国社会经济发展速度的不断提升，很多行业已经进入了一个新的阶段。对于建筑业来说，绿色施工正逐渐成为行业运行过程中的核心理念，主要是这种施工模式与现阶段人们的环保意识相统一，在此基础之上展开的建筑工程施工有效地降低了对环境的污染。因此，对现阶段我国建筑工程施工中所面临的重要问题进行分析是非常必要且及时的。

4.1 绿色施工技术

4.1.1 绿色施工技术内涵

绿色施工技术是指工程建设中，在保证质量、安全等基本要求的前提下，通过科学管理和技术进步，最大限度地节约资源并减少对环境负面影响的施工活动，实现节地、节水、节材和环境保护。绿色施工作为建筑全寿命周期中的一个重要阶段，是实现建筑领域资源节约和节能减排的关键环节。绿色施工技术在施工过程中充分体现了可持续发展的理念，其具有以下特征：

（1）节约资源、能源，保护环境　绿色施工技术的运用能有效降低施工过程中资源、能源的消耗量和减少对环境的负面影响。

（2）节约成本　成本的节约关乎着技术的推广应用，通过节约材料、能源或者优化工艺流程等根本性手段来节约成本，保障绿色施工技术的经济性。

（3）改善性能　绿色施工技术对施工性能的不断改进，通过引进新工艺、新工法、新材料和新设备等来提高施工质量，改善施工成品性能。

4.1.2 绿色施工技术方案选择

建筑企业在绿色施工技术方案选择过程中，其影响要素不仅包括企业外部环境，还包括企业自身实力、内部资源和企业的风险态度等。绿色施工技术方案选择实际上就是在外部因素（环境规制、市场需求和环保要求）和内部因素（企业自身实力和资源）的共同作用下，促使企业决策者选择最佳绿色施工技术组合的过程。因此，建筑企业绿色施工技术方案优选问题的要素可归纳为以下几个方面。

1. 环境规制

环境规制是以保护环境为出发点，政府部门对污染环境的各种行为所采取的规制措施，包括制定严格的环保标准、污染物排放标准等命令控制型环境规制，以及通过排污权交易制度、环境税等市场激励型环境规制。目前，建筑行业的高能耗高排放是实现绿色发展的一大难题，随着我国环境规制要求的日益严格，对施工过程的绿色要求也越来越高，技术选择时对环境效益越来越注重，从而越来越倾向于选用绿色水平更高的绿色施工技术方案。

2. 工程需求

随着消费者的环保意识逐步提高和相关利益者对环保需求的重视，要求建筑项目达到更高的环保目标；建筑企业为了承包工程，获取利益，必然要采取绿色施工来实现环保目标，在这种情形下，不同绿色施工技术方案带来的绿色水平不同，需要根据工程具体需求来选择绿色施工技术。

3. 企业资源

建筑企业需要有足够的资金、人力、物力投入来维持运营，资源要素的影响主要体现在资源在各绿色施工技术上的分配情况以及资源在企业内部流通的及时性上。绿色施工技术在一定程度代表了当前行业技术的较高水平，需要专业的技术人才来进行专项施工，建筑企业内部由于资金有限，且相应的技术人才、设备在一定程度上是各项目共用的，当多种技术同时应用时，这些资源必然会出现供不应求的情况，从而导致技术实施难度增大甚至失败。所以，建筑企业在技术方案选择时，必须考虑资源能否实现各时间段在各技术上的调配。

4. 企业自身实力

企业自身实力包括企业的施工能力以及现有的生产技术水平，在作技术选择时，施工能力表现在企业掌握的技术种类、施工人员素质、材料设备供应能力等。此外，绿色施工技术的绿色水平是在具体的施工环节里体现的，建筑企业现有的生产技术水平关系到能否把技术成果通过生产过程，转化为市场所需的产品。因此，建筑企业自身实力是绿色施工技术方案选择的重要影响因素。

5. 技术风险

绿色施工技术实施风险较大，建筑企业在进行决策时必然要考虑各种绿色施工技术的难易程度和节能减排效果，合理选择几种绿色施工技术进行施工，以便使风险得到有效分担；同时还要合理分配在各绿色施工技术上的资源投入，有效规避风险。

6. 综合效益

建筑企业进行绿色施工技术方案选择的本质还是为了追求更多的利益以及达到更好的环保效果。因此，绿色施工技术方案的效益包括经济效益和环保效益，经济效益是最直接、企业最关心的要素，环保效益是企业缓解社会环保压力的直观体现。建筑企业在进行方案决策时必然会考虑预期的效益，选取预期效益大的技术方案开展项目，将预期效益小的技术方案剔除。

4.1.3　绿色施工技术分类

绿色施工技术的分类角度和方法有很多，但主要是根据绿色技术来源和绿色施工效果来分类。

1. 按绿色技术来源分类

根据企业技术来源划分，建筑企业绿色施工技术可分为既有技术、创新技术和引进技术。

（1）既有技术　指建筑企业已经掌握并且在工程项目中得到大量实践的成熟技术。采用近年来大力推广应用并具有明显效果的施工技术，如泥浆分离循环系统施工技术、基础底板、外墙、后浇带超前止水技术、全套管钻孔施工技术，等等。

（2）创新技术　指针对特定的工程项目，建筑企业以及行业内的企业都没有使用过的绿色施工技术，需要根据具体的工程需求，将该种绿色施工技术通过技术创新（材料、工艺、设备的改进、革新）实现从无到有，以达到更加贴合工程项目的技术要求和绿色环保要求。这类技术包括现场降尘综合、非传统水源回收与利用技术等。

（3）引进技术　对于建筑业创新研发应用、绿色施工效果明显，但是企业本身未能掌握且没有能力通过技术革新而获得的绿色施工技术，企业可以通过技术引进的途径来扩充本企业的绿色施工技术库，但是在引进的同时必须支付技术转让费给技术所有者。这类技术包括超长混凝土结构"跳仓法"施工技术、全自动标准养护室用水循环利用技术等。

2. 按绿色施工效果分类

根据绿色施工效果可将绿色施工技术分为：节地与土地利用技术、节能与能源利用技术、节水与水资源利用技术、节材与材料资源利用技术四大类。此外在实际施工过程中，绿色施工技术带来的往往是综合效果，如在实现环境保护的同时又能达到节材或者节能等其他效果，这类技术归为综合性技术。绿色施工技术的应用可以有效地促进自然生态环境的发展，从客观的角度来说，其能有效地解决建筑工程施工中的环境污染以及生态平衡破坏的问题。详细介绍参见后面章节。

4.2　节地与土地利用技术

绿色施工对土地的保护主要体现在合理规划施工现场的用地和减少不必要的土地侵占、污染。

4.2.1　土壤保护施工技术

在建筑工程施工中，对于绿色施工技术的应用，既可以是地表以上的施工也可以是地表环境的施工。施工单位在具体施工中，为了有效地防止土壤流失侵蚀等现象的发生，可以采用覆盖砂石、种植速生草种等措施，减少施工中对于土壤的破坏。另外，在施工过程中，对于有毒有害的建筑废弃物不能直接当作建筑垃圾处理，需要进行专门的处理。在建筑工程完工后，施工单位需要在协调下，采取地表恢复措施，尽量减少水土流失问题的发生。

4.2.2　临时用地的使用与管理

临时用地是指在工程建设和地质勘查中，建设用地单位或个人在短期内需要临时使用，不宜办理征地和农用地转用手续的，或者在施工、勘查完毕后不再需要使用的国有或者农民集体所有的土地，不包括因临时使用建筑或者其他设施而使用的土地。

临时用地是临时使用而非长期使用的土地，在法规表述上可称为"临时使用的土地"与一般建设用地不同，临时用地不改变土地用途和土地权属，只涉及经济补偿和地貌恢复等问题。

智韵大厦工程符合建设单位提供的建设用地范围。对临时设置的位置、材料加工区间、临时设置的一些道路以及材料堆积区域进行科学规划和设计。按照地方政府颁布的建设用地规划许可证上批准的建设工程用地为依据。在安排生活和办公场所时，也因地制宜。临时性房屋在搭建时，将紧凑性和适应性考虑在内，采用了可以移动的板房；同时，减少场地面积的占用率，比如办公室、宿舍和库房等。现场设置了双向车道，在满足施工需要的同时，也符合相关的消防要求。现场的临时道路和生活区域进行了绿化，提高了环境质量和作业人员的生活品质，减少了污染。

4.3　节能与能源利用技术

节能与能源利用技术是指在实际施工中通过采取技术达标、经济环保的技术措施来降低施工所需的能源消耗，采用低能耗施工工艺，充分利用可再生清洁能源。这些技术措施包括使用节能型设备、充分利用供配电系统节能施工技术、施工用电及控制技术等，减少对煤炭、电、石油等能源的消耗，提高能源利用率。

4.3.1　节能设备施工安装

在建筑施工过程中，利用高效节能设备，提高能源利用率。合理匹配设备是建筑节能的关键。否则，匹配不合理，出现大马拉小车的情况，运行效率低，而且设备损失和浪费都很大。

第一，按照设计图纸文件要求，编制科学、合理、具有可操作性的施工组织设计，确定安全节能的方案和措施。根据施工组织设计，分析施工机械使用频次、进场时间、使用时间等，合理安排施工顺序和工作面，减少施工现场或划分的作业面内的机械使用数量和电力资源的浪费。选择施工工艺时，优先考虑耗用电能或其他能耗较少的施工工艺。

智韵大厦项目风机、水泵等用电设备符合国家相关能效限值标准。建筑中安装分项计量装置和标准的能耗监测系统，对建筑内冷热源站房、风机水泵、照明插座、空调等用电实现独立分项计量，计量方式满足《天津市民用建筑能耗监测系统设计标准》（DB 29-216—2013）表 4.0.5 的要求，计量结果可用于建筑物的节能管理，并与建筑同步设计、安装。经营性公建实行分类、分户计量的收费管理方式。

第二，根据当地气候和自然资源条件，充分利用太阳能、地热等可再生能源。太阳能、地热等可再生能源的利用与否，是绿色施工技术不得不考虑的重要选项，特别在日照时间相对较长的阶段，应当充分利用太阳能这一可再生资源。比如减少夜间施工作业的时间，可以降低施工所消耗的电能；工地办公场所的设置应充分考虑采光和保温隔热的需要，降低采光和空调所消耗的电能，地热资源丰富的地区应当考虑尽量多地使用地热能，特别是在施工人员生活方面。

第三，优化配置，最大限度发挥设备能力。设备安装中应注意前后工序的需要，合理匹配各工序各工段的主辅机设备，使上下工序达到优化配置和合理衔接，实现前后工序能力和规模的匹配一致，避免因某工序匹配过大或过小而造成浪费资源和能源的现象。

在满足安全运行、启动、制动和调速等方面的情况下，选择额定功率恰当的电动机，避免出现选择功率过大而造成浪费以及缩短电动机寿命的现象。同时合理选择变压器容量，由于使用变压器的固定费用较高且按容量计算，而且在启用变压器时也要根据变压器的容量大小向电力部门交纳增容费，因此，合理选择变压器的容量也很重要。选得太小，过负荷运行会使变压器因过热而烧坏；选得太大，不仅增加了设备投资和电力增容等费用，同时耗损也很可观，导致变压器运行效率低，能量损失大。

第四，在施工组织设计中，合理安排施工顺序、工作面以减少作业区域的机具数量，相临作业区应充分利用共有的机具资源。选择施工工艺时，优先考虑耗用电能或其他能耗较少的施工工艺，避免使用设备额定功率远大于使用功率或超负荷使用设备的现象发生。

智韵大厦项目对建筑内的空调通风系统冷热源、风机、水泵等设备进行有效检测，对关键数据进行实时采集和记录，并对上述设备系统按照设计要求进行了可靠的自动化控制。

4.3.2　供配电系统绿色施工技术

我国是能源短缺的国家，但能源的浪费却很严重。无论是供配电系统还是用电设备，都存在着节能的巨大潜力。建筑物或建筑群电源的电压等级和引入方式的选择，应根据当地城市电网的电压等级、建筑用电负荷大小、用户距电源距离、供电线路的回路数、用电单位的远景规划、当地公共电网现状及其发展规划等因素，经过综合技术经济分析比较后确定。

在电网损耗方面，当电流流过供配电线路和变压器时，会引起功率和电能损耗，这部分损耗称为电网损耗，也要由电力系统供给。供电系统在传输电能过程中，电网损耗电量占总供电量的百分数称为线损率。线损率的高低是衡量供配电系统是否节能的一个主要指标。电网损耗包括线路损耗和变压器损耗，两方面的损耗又分别分为有功功率损耗和无功功率损耗。

对于无功功率补偿，由于电力系统的送、配电线路、变压器以及大部分的电气设备均具有电感性质，会从电源吸收无功功率，功率因数低，使设备使用效率相应降低。因此，功率因数的高低也成为衡量供配电系统是否节能的又一个重要指标。

实现无功功率补偿，要提高功率因数需要提高用电设备的自然功率因数，当提高自然功率因数仍达不到要求时，还需要进行人工补偿。

提高自然功率因数主要采取的措施如下：

1）正确选择变压器的容量，变压器的负载率在75%～85%时，运行最经济。正确选择变压器台数。对于一些季节性设备，设置专用的变压器，在设备停运期间报停相应的变压器，以节省电能损耗。

2）优化系统设计，如合理安排工艺流程、正确选择变流装置、限制电动机和电焊机的空载运转、选择高质量的供配电线路以减少感抗等。

3）条件允许时，尽量采用同步电动机。同步电动机最大的特点是可以发出无功功率，用以改善电网的功率因数。

对于无功功率补偿容量的计算，一般在供电系统的方案设计阶段，无功功率的补偿容量可按变压器容量的15%～25%估算。在设计、施工阶段无功功率的计算应按照下式进行确定。电容器的补偿容量 Q 为

$$Q = P_c(\tan\varphi_1 - \tan\varphi_2) \tag{4-1}$$

式中 P_c——计算负荷，kvar；

φ_1——补偿前的功率因数角，无量纲；

φ_2——补偿后的功率因数角，无量纲。

智韵大厦项目供配电系统的谐波含量符合《电能质量 公共电网谐波》（GB/T 14549）及相关标准的要求。终端导体截面按谐波含量折减选择。建筑内减少高谐波含量的用电设备的使用。在设计方案阶段制定合理的供配电系统。对于三相不平衡或采用单相配电的供配电系统，采用分相无功功率补偿装置。

4.3.3 用电及控制技术

施工用电作为建筑施工成本的一个重要组成部分，在绿色节能技术中已经成为建筑施工企业深化管理、控制成本的一个重要关口。施工现场分别设定生产、生活、办公和施工设备的用电控制指标，定期进行计量、核算、对比分析，并设有预防与纠正措施。建筑施工临时

用电主要应用在建筑机械、相关配套施工机械、照明及日常办公等几方面。

对于建筑用电的照明和电梯，智韵大厦工程选用荧光灯或 LED 光源等高效灯具并采用分区控制。选用节能型变压器、节能型电梯，电梯为无齿轮曳引，VVVF 驱动，当多台电梯集中排列时，采用电梯群控的运行方式；自动扶梯和自动人行道装设传感装置，进行变频节能拖动控制，电动机效率不小于 92%，可自动休眠。同时，室外景观照明满足《城市夜景照明设计规范》（JGJ/T 163）的相关规定，不会对周围环境造成光污染。

对于建筑用电及控制技术，项目建筑的楼梯、走道、车库、主要功能房间的照明需求各不相同，控制要求也在不断提高，过去单纯的开关控制已不能满足所有的控制要求。智能照明控制系统可实现根据环境变化与客观需要自动采集信息，反馈控制处理，从而获得更好的照明控制。同时，可以提高建筑的光环境质量，充分考虑各部分的视觉舒适性、合适的照度与亮度分布、眩光控制等，高效的控制方式还可有效节约能源，减少系统的运行成本。项目的建筑智能化系统控制合理准确，选用技术先进、实用、可靠，各系统的配置符合《智能建筑设计标准》（GB/T 50314）的要求。同时，建筑通风、空调、水泵、电梯等设备自动监控系统技术配置合理，系统运行高效。设备、管道的设置便于维修、改造和更换。

4.4　节水与水资源利用技术

水是生命之源，也是我们日常生活生产中不可或缺的自然资源，只是水污染现象严重、水资源紧缺的情况促使我们必须面对现实问题，不仅要做到防止水污染，还需要花费精力在节水与水资源利用方面。建筑施工现场是用水的重要场所，主要包括生产、生活用水两方面。

施工生产用水包括工程施工用水、施工机械用水。建筑施工中会使用到大量的水，大多使用过后的水都要进入污水处置设备，之后再排放到外面的环境中，经济性较差。应分析建筑用水相关指标及定额，采取节水措施和提高水的回收再利用，制定工程用水量计划指标并严格控制，以达到建筑节水和水资源利用技术取得目标效益。

智韵大厦项目建设前期，完善了施工组织设计，通过规划施工场地，合理安排给水排水方案。同时，结合施工现场的地质条件和人文环境，制定不同的措施，结合水源地理位置，从满足施工需要出发，将水源铺设到工地的主要部位，同时做到施工用水和施工机械用水都能得到满足。

施工生活用水包括施工现场生活用水和生活区生活用水。施工企业管理人员、作业工人的生活用水是建筑施工工地用水的主要组成部分，同时综合考虑施工现场实际情况，统一考虑和规划厨房及洗浴用水，进而实现施工节水管理的目标。

综上所述，施工现场考虑节水工作的重点在于保证用水安全的同时提高水资源利用率、充分利用节水器具与设备、利用非传统水源等。

4.4.1 给水排水系统节水施工技术

给水系统和排水系统是建筑给水排水系统中的两大组成部分。给水系统和排水系统对于水质都有一定的要求，并且在社会不断发展，城市化建设进程日益加快的过程中，建筑数量不断增多，更需要将节水节能技术积极应用到建筑给水排水施工中，在完善给水排水系统的同时，利用科学的处理方式提高整体水质。

1. 给水管道节水施工技术

本项目中，给水系统按照组织设计要求，做好施工用水平面布置，使供水系统成枝干状铺设到各用水点位置。施工消防用水利用项目设计中的水池蓄水，利用水泵向各楼层供水。

给水管网的布置本着管路就近、供水畅通、安全可靠的原则，在管路上设置多个供水点，并尽量使这些供水点构成环路，同时考虑不同的施工阶段，管网具有移动的可能性。另外，在高层建筑中，给水排水系统的水压可能较大，会引起噪声。为了降低噪声，可以考虑使用螺旋消声管，这种管道具有特殊的结构，可以有效地减少水流通过时产生的噪声。通过选择适当的管材和消声装置，可以在不影响系统性能的前提下降低噪声水平。阀门的选择也是建筑给水排水设计中的重要考虑因素，要选择高质量的阀门，以确保其稳定性和可靠性。此外，阀门的操作和维护也应该便捷，以便在需要时进行修理或更换。

智韵大厦工程从市政环状管网引入 2 根 DN200 的给水管道，管网供水压力为 0.20MPa。竖向共分 4 个供水分区，各区均采用下行上给式的供水方式。建筑平均日用水量满足现行国家标准《民用建筑节水设计标准》（GB 50555）中的节水用水定额的要求。建筑分区底层系统压力不超过 0.45MPa，用水点供水压力超压时设置可调式减压阀，保证阀后压力不大于0.20MPa，且不小于用水器具要求的最低工作压力。

2. 给水排水系统防止管网漏损的施工技术

给水排水系统应采取有效措施减少管网和用水器具的漏损，施工现场的临时用水应使用节水型产品，安装计量装置并采取针对性的节水措施。给水排水系统采用的管材应符合下列要求：管材与管件应配套，且应符合现行产品标准的要求和卫生标准；管道的工作压力不得大于产品标准规定相应介质温度下的工作压力；设备机房内不采用塑料管材。

智韵大厦工程管道上的弯头均采用成品弯头，户内管道所采用的管材和接口见表 4-1。

表 4-1　户内管道所采用的管材和接口

管道系统		管材	接口
给水、中水系统	室内给水立管、横干管及水表前支管	钢衬塑复合给水管	≤DN65 螺纹连接 ≥DN80 沟槽连接
	水表后支管	PP-R 冷水管（S5 系列）	热熔连接
	泵房内与水箱接触的部位	薄壁不锈钢管	配套管件连接

（续）

	热水系统	采用 PP-R 热水管	热熔连接
污废水管	重力排水立管	PVC-U 实壁排水管	粘接
	重力排水横（支）管	PVC-U 实壁排水管	粘接
	公共厨房排水管	采用柔性机制排水铸铁管	柔性接口
	排水立管自底部弯头至室外检查井的出户管道	采用柔性机制铸铁管	法兰承插连接
	通气管、卫生间排水立管	PVC-U 实壁排水管	粘接连接
	有压排水管	采用热镀锌钢管	<DN100 螺纹连接 ≥DN100 卡箍连接 与阀门连接处采用法兰连接

3. 节水计量管理

施工现场应分别对生活用水与生产用水确定用水定额指标，并分别实行计量管理机制；大型工程的不同单项工程、不同标段同分包生活区的用水量，在条件允许的条件下，均应实行分别计量管理；在签订不标段分包或劳务合同时，将节水定额指标纳入合同条款，进行计量考核；对混凝土搅拌点等用水集中的区域和工艺点进行专项计量考核。充分运用经济杠杆及政府部门的调节作用，在整体上统一规划布局调度水资源，从而保障水资源供给的长久性、稳定性和可持续性。

智韵大厦工程各给水点用水量分类计量，水表集中设在管道井内。市政入管及接入单体进户管、换热站、水泵房引入管、分户水表设置数字远传水表，水表设置符合《天津市民用建筑能耗监测系统设计标准》（DB 29-216—2013）的规定。同时，选用密闭性能好的阀门、设备，使用塑料管、钢塑复合管等耐腐蚀管材，合理设置检修阀门，有效避免了管网漏损。

4. 排水管道节水施工技术

对于用水排放系统施工，主要是楼层施工用水的排放，在主体结构中混凝土养护阶段，施工用水排放集中到地下室，利用工程集水坑沉淀后可作为养护混凝土用水。对于洗车槽污水排放，洗车槽的沉淀泥砂可用于回填土，二级沉淀池的水位达到溢水高度后，从溢水口流出的水可进行二次利用如洗车。办公区的污水排放，办公区厕所的污水经化粪池处理，办公区雨水汇集到大门内的排水沟，经沉淀池沉淀后再向市政管道排放。生活区的污水排放，厨房污水先排到隔油池，经除油后再向市政污水管网排放。洗衣房的污水可以向厕所排放，从而减少厕所冲洗用水。生活区厕所污水排到化粪池处理后，再向市政污水管网排放。

智韵大厦工程采用雨污水分流，污废水合流，厨卫分流的排水体系。生活污水经化粪池处理，公共餐饮废水经隔油池或隔油器处理后排入市政管网；雨水经汇集后排入市政管网。设置下凹绿地等对屋面和路面的径流雨水进行预处理，引导径流雨水汇入道路绿化带及周边绿地内的低影响开发设施，并通过设施内的溢流排放系统与市政雨水管网系统相衔接。

4.4.2　节水器具与设备施工技术

根据《节水型生活用水器具》（CJT 164—2014）的定义：节水器具是指满足相同的饮用、厨用、洁厕、洗浴、洗衣等用水功能的，较同类常规产品耗水量要低的器件、用具。因此，节水器具可指节水型生活用水器具，主要包括节水型水嘴、节水型便器、节水型淋浴器等。

节水型水嘴是指一种能实现节水效果的阀类产品，可以手动或自动启闭和控制出水口水流量。节水型马桶是在卫生、使用功能和排水管道输送能力都满足要求的情况下，一次性冲洗水量不超过6L水的便器，并且具备延时冲洗、自动关闭和流量调节等功能，可根据情况选用不同的冲洗水量，从而达到节约用水的目的。节水型淋浴器是指采用接触式或非接触式启闭喷头，能够调节温度和流量的淋浴器产品。

在节水器具的选择上，应优先考虑滴水、漏水和冒水问题，滴水不仅会造成浪费，还可能引发水质问题和设备损坏。因此，选择具有良好防漏性能的节水型阀门和水龙头是必要的，这些器具能够有效减少漏水现象，提高水资源利用率。另外，节水型淋浴喷头和坐便器也是节水的重要组成部分。淋浴喷头的节水型设计能够在保证舒适的同时减少用水量；坐便器则采用节水型设计，通过调整冲水量和冲水方式，实现节水效果。这些节水器具的使用可以有效降低建筑的用水量，为可持续发展提供支持。

智韵大厦工程节水器具符合城镇建设行业标准《节水型生活用水器具》（CJT 164—2014）的要求。卫生器具和配件采用节水型产品。卫生间内不得使用一次性冲水量大于5L的大便器；公共卫生间内的蹲式大便器、小便器采用自闭感应式冲水阀；洗手盆采用感应式水龙头、充气式水嘴。洁具节水等级不低于1级。

另外，在给水系统中，泵站是一个必不可少的部分。泵站的运行成本较高，消耗大量的电能。有效利用变频调速系统，可以使水泵最大限度地在其高效区运行，减少扬程。二次供水大多采用水泵加压，水泵的选择主要以最不利点的扬程和流量为依据。然而实际运行中，用水的最不利情况出现的概率非常小，大多数情况水泵提供的水量和扬程都比需要的大，这样水泵很容易不在高效区内运行，水泵运行时消耗的电能远远大于需要的电能，造成不必要的能源浪费。而变频泵在使用过程中，可以通过调节水泵的转速来改变水泵的流量和扬程，即在一定的流量变化范围内，变频泵可以通过改变转速来降低能耗。

智韵大厦工程水泵的能效等级达到二级，水泵满足《清水离心泵能效限定值及节能评价值》（GB 19762—2017）中节能评价值的要求，同时水泵的效率大于85%。

4.4.3　非传统水源利用施工技术

非传统水源指不同于传统地表水供水和地下水供水的水源，包括再生水、雨水、海水等，再生水又分市政再生水和建筑中水。国家标准《民用建筑节水设计标准》（GB 50555—

2010）规定，景观用水水源不得采用市政自来水和地下井水，可采用中水、雨水等非传统水源或地表水。

在绿色建筑施工中应因地制宜采取措施综合利用再生水、雨水、海水等非传统水源，非传统水源可用于绿化灌溉、车库及道路冲洗、洗车、冷却水补水等。

使用非传统水源应优先选择水量充足稳定、污染物浓度低、易于处理且容易被公众接受的水源。当建筑物靠近污水再生水厂，或周边有完善的市政再生水管网设施时，优先采用市政再生水作为水源；当设置建筑中水时，优先选用优质杂排水作为水源，并采用分质排水体系；保障性住房优先采用户内中水集成系统；对于平均年降雨量大于 400mm 的地区，优先考虑利用雨水，处理后用于景观、冷却用水；沿海城市可以考虑利用海水作为冲厕用水。

智韵大厦工程施工中加强对建筑中水的合理利用。首先，中水回用可以大大减少对自来水资源的需求，提高水资源的利用率。通过科学处理，包括生物技术、物理技术和化学技术，可以将生活污水和雨水进行有效地净化，这些处理技术可以去除污水中的有害物质使其达到再利用的标准。其次，中水回用可以实现绿化灌溉和路面洒水。通过建立输水管网和雨水沉砂池、蓄水池等设施，可以将处理后的中水用于植物的灌溉和道路的清洗。这不仅可以减少自来水的使用，还可以降低排污量，改善城市环境质量。此外，中水回用还可用于厕所冲洗和杂用水蓄水池。通过中水回收系统，可以将处理后的中水用于厕所的冲洗，减少自来水的浪费。同时杂用水蓄水池可以收集和储存各种非饮用水源，如雨水和屋面雨水，以备不时之需，这种方式可以进一步提高水资源的利用效率。最后，中水回用需要配备适当的设备如水泵和氯消毒剂，以确保中水的质量和安全性。此外水管系统的建设和管理也是中水回用的关键，只有建立完善的中水回收系统，才能实现中水的回收再利用。

智韵大厦工程室外绿化灌溉、道路冲洗和车库冲洗、室内冲厕用水全部由市政中水提供。市政中水水源未接入管道前，可用自来水代替，切换点（阀门井）设置在场地入口总管处，严禁在建筑物内切换；中水管道外壁涂浅绿色，以与生活水管道严格区分开，冲洗龙头设在壁笼内，并设有明显标示，严防误用；中水工程验收时应逐段进行检查，防止误接。

4.5 节材与材料资源利用技术

节材与材料资源利用是指在施工过程中能够有效地降低材料的损耗率，提高材料的使用率。通过适宜的技术和管理措施降低材料的损耗，按照可循环利用、减量化、无害化的原则组织施工。

对于施工节材关键技术，应充分考虑本工程施工特点，采用先进、合理、经济、可行的施工方案。充分考虑城市施工特点，合理布置施工场地，科学安排作业顺序，采取有效的资源节约技术，从场地布置、施工工艺等方面入手，减少对周边环境的影响，增加能源节约和资源循环利用率。以设计和施工方案优化为基础，科学组织，合理安排现场施工行动，加强施工材料节约和建筑垃圾数量的控制，同时积极采用新技术、新工艺、新材料、新设备，提高机械化作业程度，安排专业化施工队伍，实施标准化作业，确保工期、质量、效益目标的实现。

4.5.1 灌注桩后注浆技术

灌注桩后注浆是指在灌注桩成桩后一定时间内，通过预设在桩身内的注浆导管及与之相连的桩端、桩侧注浆阀注入水泥浆，使桩端、桩侧土体（包括沉渣和泥皮）得到加固，从而提高单桩承载力，减小沉降。灌注桩后注浆是一种提高桩基承载力的辅助措施，而不是成桩方法。后注浆的效果取决于土层性质、注浆的工艺流程、参数和控制标准等因素。

灌注桩后注浆提高承载力的机理：一是通过桩底和桩侧后注浆加固桩底沉渣（虚土）和桩身泥皮；二是对桩底和桩侧一定范围的土体通过渗入（粗颗粒土）、劈裂（细粒土）和压密（非饱和松散土）注浆起到加固作用，从而增大桩侧阻力和桩端阻力，提高单桩承载力，减少桩基沉降。桩侧、桩底后注浆装置有构造简单、便于操作、适用性强、可靠性高、附加费用低、不影响桩基施工流程等优点。在优化注浆工艺参数的条件下，可使单桩竖向承载力提高 40% 以上，粗粒土增幅高于细粒土，桩侧、桩底复式注浆高于桩底注浆；桩基沉降减小 30% 左右。可利用预埋于桩身的后注浆钢导管进行桩身完整性超声检测，注浆用导管可取代等承载力的桩身纵向钢筋。

1. 具体技术措施

（1）后注浆装置的设置应符合下列规定

1）后注浆导管应采用钢管，且应与钢筋笼加劲筋焊接或绑扎固定，桩身内注浆导管可取代等承载力的桩身纵向钢筋。

2）桩底后注浆导管及注浆阀数量宜根据桩径大小设置，对于 $d < 1000mm$ 的桩，宜沿钢筋笼圆周对称设置 2 根；对于 $d \leqslant 600mm$ 的桩，可设置 1 根；对于 $1000mm < d \leqslant 2000mm$ 的桩，宜对称设置 3~4 根。

3）对于桩长超过 15m 且承载力增幅要求较高者，宜采用桩底桩侧复式注浆。桩侧后注浆管阀设置数量应综合地层情况、桩长、承载力增幅要求等因素确定，可在离桩底 5~15m 以上，每隔 6~12m 于粗粒土层下部设置一道（对于干作业成孔灌注桩宜设于粗粒土层中上部）。

4）对于非通长配筋的桩，下部应有不少于 2 根与注浆管等长的主筋组成的钢筋笼通底。

5）钢筋笼应沉放到底，不得悬吊，下笼受阻时不得撞笼、墩笼、扭笼。

（2）后注浆管阀应具备下列性能

1）管阀应能承受 1MPa 以上静水压力；管阀外部保护层应能抵抗砂、石等硬质物的碰撞而不致使管阀受损。

2）管阀应具备逆止功能。

（3）浆液配比、终止注浆压力、流量、注浆量等参数设计应符合下列规定

1）浆液的水灰比应根据土的饱和度、渗透性确定，对于饱和土宜为 0.5~0.7，对于非饱和土宜为 0.7~0.9（松散碎石土、砂砾宜为 0.5~0.6）；低水灰比浆液宜掺入减水剂；地下水处于流动状态时，应掺入速凝剂。

2）桩底注浆终止工作压力应根据土层性质、注浆点深度确定，对于风化岩、非饱和黏性土、粉土，宜为 5~10MPa；对于饱和土层宜为 1.5~6MPa，软土取低值，密实黏性土取高值；桩侧注浆终止压力宜为桩底注浆终止压力的 1/2。

3）注浆流量不宜超过 75L/min。

（4）当满足下列条件之一时可终止注浆

1）注浆总量和注浆压力均达到设计要求。

2）注浆总量已达到设计值的 75%，且注浆压力超过设计值。

（5）出现下列情况之一时应改为间歇注浆

1）注浆压力长时间低于正常值。

2）地面出现冒浆或周围桩孔串浆。

采用间歇注浆时，间歇时间宜为 30~60min，或调低浆液水灰比。

后注浆施工过程中，应经常对后注浆的各项工艺参数进行检查，发现异常应及时采取相应处理措施。

（6）后注浆桩基工程质量检查和验收应符合下列要求

1）后注浆施工完成后应提供下列资料：水泥材质检验报告、压力表检定证书、试注浆记录、设计工艺参数、后注浆作业记录、特殊情况处理记录。

2）承载力检验应在后注浆 20d 后进行，浆液中掺入早强剂时可提前进行。

3）对于注浆量等主要参数达不到设计时，应根据工程具体情况采取相应措施。

2. 经济效益分析

注浆后单桩垂直承载力的提高幅度与桩底和桩侧土层性质关系极大，根据统计资料表明，在北京地区 10m 左右的短桩，当桩底进入中粗砂及砾石层时，采用桩底注浆工艺后，其单桩垂直承载力可提高 70%~200%；福建地区桩底进入砂层的 60m 长桩，在桩底注浆后承载力可提高 80%~90%；天津地区桩底进入粉细砂层的 40~60m 中长桩，在桩底注浆后承载力可提高 20%~40%。

3. 项目应用实例

项目共有 864 根桩，均采用后注浆技术，桩总量比传统做法造价节约 20%，经济效益显著。后注浆完成后，经检测，所有桩的承载力均达到设计要求，技术达标。钻孔灌注桩后注浆技术工艺及现场施工如图 4-1 所示。

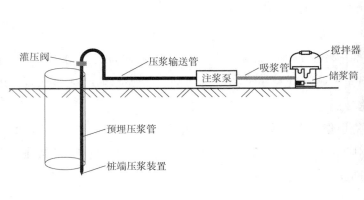

图 4-1　钻孔灌注桩后注浆技术工艺及现场施工图

4.5.2　预制楼板施工技术

预制楼板技术是指将楼板沿厚度方向分成两部分，一部分是预制底板，另一部分是上部后浇混凝土叠合层，预制底板作为楼板的一部分配置底部钢筋，施工阶段作为后浇混凝土叠合层的模板承受荷载，最终与后浇混凝土叠合层形成整体的叠合混凝土构件。预制底板按照受力钢筋种类可以分为预制混凝土底板和预制预应力混凝土底板。预制混凝土底板采用非预应力钢筋，为增强刚度目前多采用桁架钢筋混凝土底板；预制预应力混凝土底板可为预应力混凝土平板、预应力混凝土带肋板、预应力混凝土空心板。

1. 钢筋桁架楼承板的构造及特性

钢筋桁架楼承板是将混凝土板中的钢筋与施工模板组合为一体，组成一个在施工阶段能承受混凝土自重及施工荷载的承重构件，在使用阶段钢筋桁架与混凝土共同工作，承受使用荷载。

对于使用材料，本项具体内容如下：

（1）钢筋　上下弦采用成盘供应的热轧钢筋 HPB300、HRB400 或冷轧带肋钢筋 550 级；腹杆采用成盘供应的冷轧光圆钢筋 500 级或 550 级；桁架支座钢筋用热轧钢筋 HPB300。

（2）镀锌钢板　底模采用镀锌钢板，镀锌涂层≥550g/m²。

（3）栓钉　为了使混凝土与钢梁有效地连接成整体，在钢梁上设置了栓钉，采用专用栓钉机进行施工。

在施工现场可直接将钢筋桁架楼承板铺设在钢梁上，然后进行简单的钢筋工程，便可浇筑混凝土。使用该模板不需架设木模及脚手架，底部镀锌压型钢板仅作为模板使用，不替代受力钢筋，故不需考虑防火喷涂及防腐维护等问题，因而施工快捷，可减少现场钢筋绑扎工作量约 70%，缩短工期并节省成本。此外，钢筋排列均匀，上下两层钢筋间距及混凝土保护层厚度能得到充分保证，为提高楼板施工质量创造了有利条件。

2. 混凝土楼承板

（1）工程施工特点　本工程裙楼采用混凝土楼承板（见图 4-2），其要点是：预制构件由工厂制作；现场吊装预制构件；预制构件临时固定连接；在楼承板上绑扎钢筋，浇筑混凝土。

（2）工程技术特点　压型钢板（楼承板）可作为浇灌混凝土的模板，从而节省了大量的木模板及支撑，且压型钢板非常轻便，堆放、运输及安装都非常方便。

使用阶段，压型钢板可代替受拉钢筋，减少钢筋的制作与安装，且压型钢板刚度较大，省去了许多受拉区混凝土，节省了混凝土用量，减轻了结构自重。

同时，有利于各种管线的布置，装修方便。

与木模板相比，施工时减小了火灾发生的可能性。

图 4-2　项目叠合板与楼承板的施工

4.5.3　高强高性能混凝土应用技术

1. 技术指标

工作性能方面，根据工程特点和施工条件，确定合适的坍落度或扩展度指标；和易性良好；坍落度经时损失满足施工要求，具有良好的充填模板和通过钢筋间隙的施工性能。

力学及变形性能方面，混凝土强度等级宜大于 C40；体积稳定性好，弹性模量与同强度等级的普通混凝土基本相同。

2. 本项目应用数量

本项目 4#楼 7 层以下墙柱采用 C55 混凝土，8～11 层柱采用 C50 混凝土，12 层、13 层柱采用 C45 混凝土，14 层以上柱采用 C40 混凝土。

3. 合理的保护层厚度

本项目保护层厚度比常规项目保护层厚度增加 5mm。

4. 技术经济分析

较正常的混凝土强度，本项目混凝土强度提高了至少两个等级，混凝土强度的提高，使得结构墙柱的体积减小，混凝土数量至少节约 25%，取得了良好的经济效益和社会效益。

4.5.4　钢筋机械连接技术

按照钢筋直螺纹加工方式的不同，高强钢筋直螺纹连接技术主要分为：剥肋滚轧直螺纹、直接滚轧直螺纹和镦粗直螺纹，其中剥肋滚轧直螺纹、直接滚轧直螺纹属于无切削的滚轧工艺直螺纹加工，镦粗直螺纹属于切削工艺螺纹加工。加工直螺纹牙型角分为 60°和 75°两种。按照连接套筒类型不同，连接套筒主要分为标准型套筒、加长螺纹型套筒、变径型套筒、正反螺纹型套筒。按照连接接头类型不同，连接接头主要分为标准型直螺纹接头、变径型直螺纹接头、正反螺纹型直螺纹接头、加长螺纹型直螺纹接头、可焊直螺纹套筒接头和分体直螺纹套筒接头。

由于本工程框架结构部分施工量大，梁柱较多，对于梁柱钢筋大于或等于 16mm 的均采用标准型套筒直螺纹连接。

1. 主要技术要点

1）钢筋直螺纹加工设备的质量控制。钢筋直螺纹加工设备的质量优劣直接影响着钢筋螺纹加工精度的高低，设备的控制要点是保证直螺纹加工精度不低于 6H 级，加工的直螺纹应避免出现较大锥度，以免造成套筒与钢筋螺纹不能有效结合，降低连接强度和变形性能。钢筋直螺纹加工设备应符合产品行业标准《钢筋直螺纹成型机》（JG/T 146）的有关规定。

2）连接套筒材质和加工尺寸精度的质量控制。连接套筒是钢筋直螺纹连接技术的重要受力部件，不仅要达到所连接钢筋的极限抗拉强度和极限屈服强度要求，而且要具有一定的安全储备系数。直螺纹连接套筒设计、加工和检验验收应符合行业标准《钢筋机械连接用套筒》（JG/T 163）的有关规定。

3）钢筋螺纹丝头加工精度是保证连接套筒内螺纹与钢筋螺纹丝头外螺纹形成螺纹副的重要控制参数。钢筋螺纹加工工艺流程是首先将钢筋端部用砂轮锯、专用圆弧切断机或锯切机平切，使钢筋端头平面与钢筋中心线基本垂直；其次用钢筋直螺纹成型机直接加工钢筋端头直螺纹，或者使用镦粗机对钢筋端部镦粗后用直螺纹加工机加工镦粗直螺纹；直螺纹加工完成后用环通规和环止规检验丝头直径是否符合要求；最后用钢筋螺纹保护帽对检验合格的直螺纹丝头进行保护。

2. 技术经济分析

本项目中对直径 16mm 以上的钢筋均采用直螺纹连接，预计使用接头 8.3 万个，预估节约钢材 285t，取得了较好的经济效益与社会效益。

4.5.5　SC 外墙保温施工应用技术

1. 主要技术要点

常规外墙外保温为湿法施工，外墙抹灰完成后，采用粘贴岩棉板，在岩棉板上抹抗裂砂浆，刮防水腻子。施工工序多，造价高，且保温表面抹灰容易开裂。

本项目采用 SC 幕墙复合岩棉板保温系统，保温板直接安装于外墙表面，岩棉板外侧采用特殊材料，具有防水防火效果，施工一次成型，大大节约了人工成本。

2. 技术经济分析

本项目采用 SC 幕墙复合岩棉保温系统，每平米节约造价约 30 元，预估节约总造价 60 万元，经济效益明显。

4.5.6　绿色施工技术创新与应用

1. 可拆卸钢管货架

可拆卸钢管货架是利用型钢及螺栓接头，制作适用于安装工程材料的型钢堆放架体，材料堆放整齐、标识清晰，特别适用于场地狭小、分段施工需要频繁移动加工场地的工程，如图 4-3 所示。

图 4-3　可拆卸钢管货架

2. 塔式起重机限位及防碰撞远程控制系统

将传感器技术、嵌入式技术、数据采集技术、数据融合处理、无线传感网络与远程通信技术和智能体系技术整合，形成塔式起重机的安全监控管理系统，实现危险作业自动报警并控制、实时动态的远程监督、远程报警和远程告知。利用服务器及手机 APP 软件可实时监控塔式起重机的运行情况。

3. 智能管理

（1）门禁及劳务信息系统　在施工现场设置门禁系统，通过劳务管理系统对出入场的施工人员进行实时、实名管理，掌握劳动力动态，如图4-4所示。

（2）语音感应广播　在施工现场出入口、安全通道口等位置设置语音感应广播，对进场工人进行安全警示。

图4-4　门禁及劳务信息系统

（3）施工电梯人脸识别或指纹识别系统　在施工电梯等大型施工机械设备上配备操作人员的识别系统，以人脸或指纹为识别码，对操作人员识别成功后方可启动运行，有效管控机械使用情况，提高安全管理水平，如图4-5所示。

图4-5　施工电梯人脸识别和指纹识别系统

（4）降尘、除霾及监控系统　在施工现场设置自动环境监测仪，实时观测现场的扬尘排放、雾霾污染等情况，科学、客观、准确地进行量化和评价，并可实现与现场喷雾降尘系统的联动，如图4-6所示。

图 4-6　降尘、除霾及监控系统

4.6　施工过程的工程质量控制研究

利用 BIM 技术进行精细化管理是贯穿整个项目全生命周期、全过程的应用，因此在项目开始初期，需针对项目自身特点、难点、目标，对制度体系、人员管理、模型创建、实施应用等方面进行合理、可行性的策划，在满足施工管理目标的同时达到精细化管理和降本增效的目的，如图 4-7 所示。

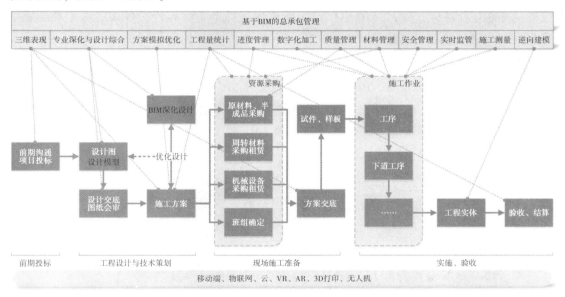

图 4-7　基于 BIM 技术的总承包管理流程

4.6.1　基于 BIM 技术的总平面、机械、分包协调管理

根据施工方案、进度计划、物资需用计划等从模型中提取信息，在施工各阶段对总平

面、机械、分包进行协调管理，从而合理规划现场平面布置，减少材料二次搬运，优化机械选择方案，以及对分包模型文件的管理。

应用 BIM 技术创建施工场地平面布置模型，辅助施工总平面布置管理，进行施工现场模拟，并通过 BIM 技术高效安排各施工阶段现场平面的功能作用和使用时间，保证场地平面布置的高质量完成，从而降低成本、缩短工期，如图 4-8 所示。

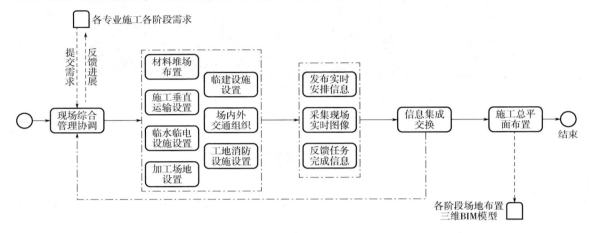

图 4-8 平面协调管理流程

智韵大厦绿色建筑项目施工场地狭小，基坑为深基坑，现场作业面狭小，现场平面布置和交通运输组织难度大。项目应用 BIM 技术完成现场场地平面布置，解决了由于现场场地狭小带来的交通运输和材料堆场困难的问题。

首先由各专业单位提交总平面需求，经各方协调一致，确定每个阶段的平面布置图。

各阶段平面布置图确定后，由专业 BIM 工程师完成各个阶段场地布置的三维 BIM 模型，其中主要包括材料堆场、施工垂直运输、临水临电、加工场地、工地临建、场外场内交通组织、工地消防等关键平面信息模型的建立，如图 4-9~图 4-11 所示。

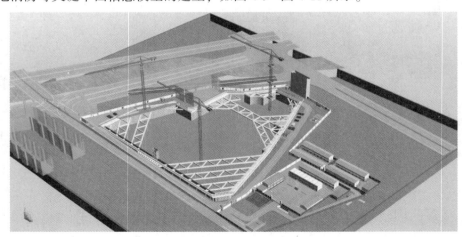

图 4-9 基础阶段 BIM 现场布局

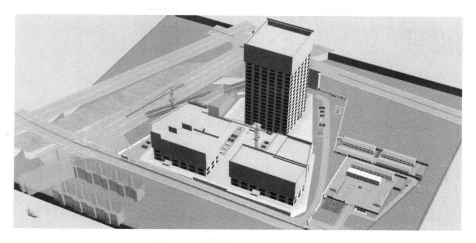

图 4-10　主体阶段 BIM 现场布局

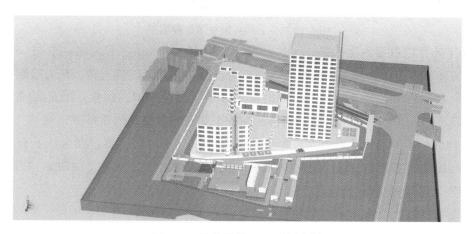

图 4-11　装修阶段 BIM 现场布局

4.6.2　基于 BIM 的技术管理

利用 BIM 进行技术管理是施工总承包方案管理中最核心的部分，通过对模型的创建与应用，辅助技术管理中的图纸会审、深化设计、施工组织模拟、资料管理及 BIM 协同管理等，实现施工过程中的精细化管理，如图 4-12 所示。

1. 项目 BIM 样板模型文件

项目 BIM 样板文件是创建项目 BIM 模型文件的基础，BIM 样板文件可统一项目单位、设置标准，为协同建模提供了便利，在满足建模标准的同时提高了工作效率。样板文件是一个系统性文件，其中很多内容来源于工程项目实践积累。

2. 施工组织模拟 BIM 应用

施工组织模拟主要包含施工方案编制及对比优选、施工工艺/方案模拟、可视化交底及方案优选等。

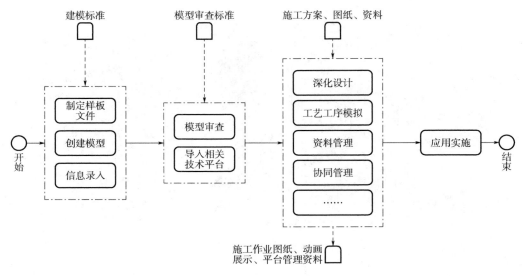

图 4-12　基于 BIM 的技术管理流程

3. 施工方案编制及对比优选

施工方案编制是项目施工阶段最重要的部分，施工方案的正确与否，是直接影响施工质量的关键所在。利用 BIM 技术对方案中的重点和难点进行模拟、深化，确定合理的施工顺序，在满足工艺先进性、合理性、经济性的前提下提高方案编制的质量。

运用 BIM 技术的可视化对方案进行优化选择，不仅在材料用量、安全性上有很大的提升，而且在提高施工效率、保障安全的前提下可达到降本增效的目的，如图 4-13 所示。

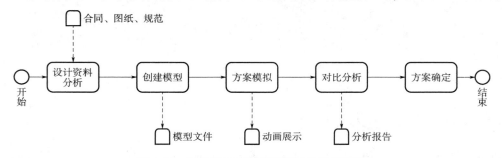

图 4-13　项目施工方案编制及对比优选流程

4. 项目脚手架方案及模板方案选择

总包单位采用 BIM 进行建模，通过模型搭建、全景照片处理，把二维的平面图模拟成真实的三维空间，同时依据技术方案中的管控要点，在全景三维空间中添加热点，并在热点中添加文字、图片及语音描述技术方案的控制要点。BIM+全景技术方案模拟交底，较传统交底方式显得更加直观和简洁，交底效率得到明显提升。

通过 BIM 模型的建立，BIM 模型与现场脚手架同步，解决了传统方案抽象难懂的问题，三维建模可全面展示了设计成果，对整栋、单层、任意局部进行三维模型显示，在投标、专家论证、技术展示和三维交底时不再只是"纸上谈兵"，如图 4-14~图 4-16 所示。

图 4-14　项目施工方案
对比优选流程一

图 4-15　项目施工方案
对比优选流程二

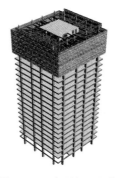

图 4-16　项目施工方案
对比优选流程三

　　智韵大厦项目模板形式多，且存在多处超危模板支撑体系，规模大、工序多、工作量大且高空作业多。楼板厚度超过 350mm，均布荷载值偏大，梁高偏大，线荷载值偏大。超危架体四周均存在其他类型架体，施工过程中需严格监控，防止架体混搭。

　　利用 BIM+全景技术，能够全面识别施工过程中存在的高大模板，避免了技术人员由于看图不全、认识不清等问题，在模板方案编制的过程中漏编、错编高大模板安全专项方案，给施工管理带来不必要的麻烦，甚至因方案疏漏，导致方案二次论证。

　　精细化的模板支架设计，解决了传统方案中因描述不清而导致的支撑搭设混乱问题，真正做到了以方案指导施工，施工与方案符合率得到了极大的提高，如图 4-17～图 4-20 所示。

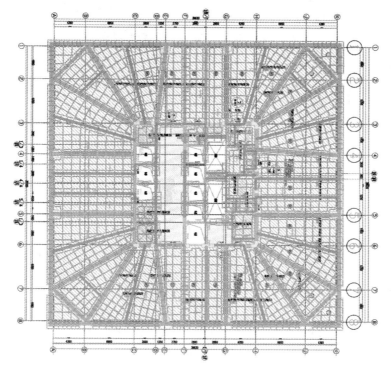

图 4-17　基于 BIM 的精细化模板平面设计

图 4-18　基于 BIM 的精细化模板主体设计

图 4-19　基于 BIM 的精细化支架设计

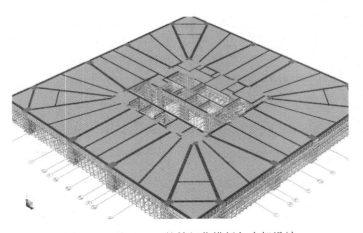

图 4-20　基于 BIM 的精细化模板与支架设计

二维与三维参数实现联动，架体设计效果实时可见，通过三维建模可全面展示设计成果，可进行整栋、单层、任意局部的三维模型显示，包括施工图纸、方案、计算书，平面图、剖面图、节点大样图。

4.6.3　基于 BIM 技术的进度管理

基于 BIM 技术的项目进度计划管理，是指利用模型的三维可视化的特点模拟施工，有效结合现场人、材、机的使用情况，做到进度工作的提前制定、合理安排，从而实现返工成本和管理成本的降低，同时也降低了工程施工中可能遇到的风险，如图 4-21 所示。

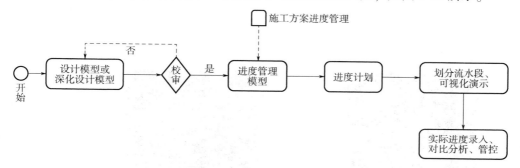

图 4-21　基于 BIM 的进度管理流程

在项目前期策划阶段，通过模拟建造，可以使全体参建人员直观快速地理解进度计划的关键路线及重要节点，同时也可以对进度计划进行优化，包含工期优化和资源优化两个方面，通过多专业的进度模拟对进度计划中工作持续时间的合理性、工作之间的逻辑关系、时间参数的合理性进行检查及论证，对总体的计划排布及资源利用情况进行平衡和优化。

根据总进度计划，要求总包单位制定月进度计划，再分解到周计划。周计划将进度计划细化到每个流水段的每个工序，并将相应任务派发至责任人，可以实现对现场施工进度进行工序级别的精细化管理，严格把控各个工序的开始与结束，从而有效提高了现场进度的管控力度以及精度。

4.6.4　基于 BIM 技术的质量管理

随着建筑业 BIM 应用的逐渐实施，施工企业从设计方接收到的设计资料除了传统的施工图纸、二维 CAD 文件外，逐渐会接收到各专业设计阶段的 BIM 模型，并且越来越成为一种发展的趋势。对于接收到的设计阶段模型，应及时进行复核检查并反馈；对于传统二维图纸，可利用 BIM 技术辅助进行图纸会审。

总承包单位在接收到设计单位以及各专业分包单位所建立的 BIM 模型后，对 BIM 模型的完整性、一致性进行审查，在检查过程中对所发现的模型问题进行记录汇总形成 BIM 模型审查成果文件，并提出合理化建议，如图 4-22、图 4-23 所示。

图 4-22　BIM 模型优化前后

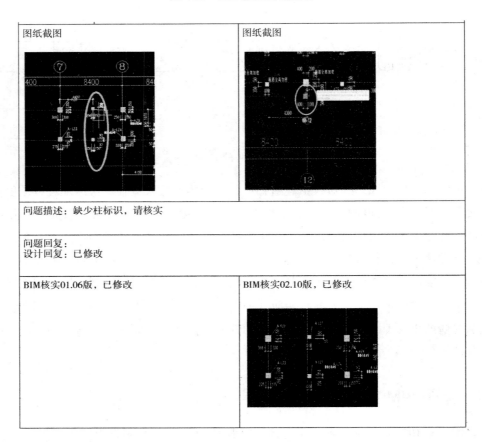

图 4-23　BIM 模型解决施工图问题示意

4.6.5　基于 BIM 技术的安全管理

安全管理 BIM 应用的目标是通过信息化的技术手段降低项目生产安全风险，通过模型的可视化提高施工人员对施工安全措施的理解，如图 4-24 所示。

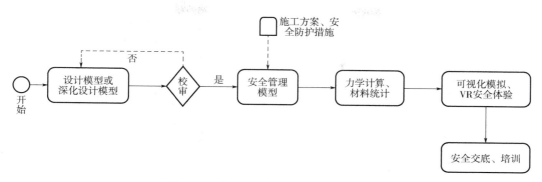

图 4-24　基于 BIM 技术的安全管理流程

结合 BIM 技术，建立安全施工三维模型，预先找到危险源位置，提前编制相应的安全管理措施，并在施工过程中将容易发生危险的地方进行标识，告知现场人员在此处施工过程中应该注意的问题。针对现场安全防护设施的设置、模板脚手架的搭设要求、重要部位的工序做法等进行三维模拟演示，对现场工人进行交底，清晰直观，如图 4-25、图 4-26 所示。

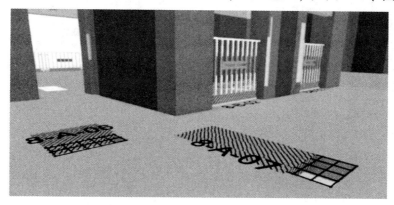

图 4-25　基于 BIM 技术的危险源位置识别

架体设计效果实时可见，技术交底与现场实时跟进，通过详细的设计节点，解决施工过程中容易忽视的安全问题，真正做到动态管理。

4.6.6　基于 BIM 技术的造价管理

通过建立包含造价信息的可视化 BIM 数据模型，可节约造价人员的工作时间，降低人为计算误差，高工程量计算的效率及准确性。同时可针对不同阶段的工程造价分析结果，有效进行成本控制。

利用 BIM 技术在数据存储、调用上的高效性，对海量的造价信息进行存储、积累，进而实现对项目数据的共享，节约工作时间、提升工作效率。在此基础上可以使项目各个管理线快速、准确地获取工程造价数据，使得项目各个参与方能够在同一个造价平台上进行造价管理和收入、成本控制。

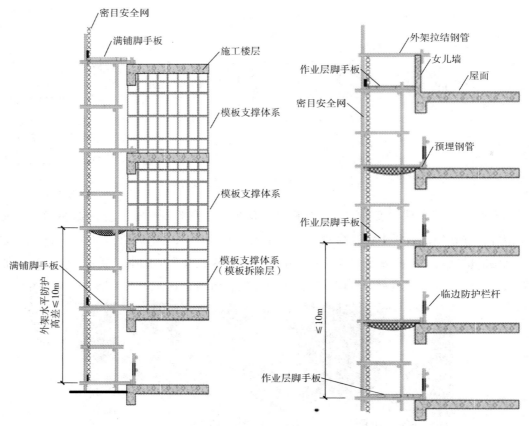

图 4-26　二维、三维建模安全节点设计联动

通过 BIM 模型，能够根据现场实际情况有针对性地进行配板，现场根据配板图进行编号，以便周转使用，如图 4-27 所示。

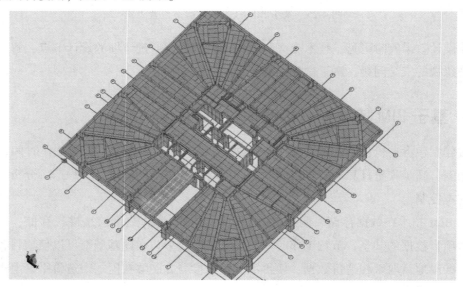

图 4-27　BIM 模型中配板图

模板支架作为周转材料的主力，造价占比较高，如何控制支架的用量成为成本控制的重点与难点，BIM 能够有效解决支架的设计，从而实现真正的按图施工。

4.7　装配式施工技术

4.7.1　装配式结构

装配式结构是装配式混凝土结构的简称，是指以预制构件为主要受力构件经装配、连接而成的混凝土结构。装配式钢筋混凝土结构是我国建筑结构发展的重要方向之一，它有利于我国建筑工业化的发展，提高生产效率，节约能源，并且有利于提高和保证建筑工程质量。与现浇施工工法相比，装配式有利于绿色施工，因为装配式施工更符合绿色施工的节地、节能、节材、节水和环境保护等要求，降低对环境的负面影响，包括降低噪声、防止扬尘、减少环境污染、清洁运输、减少场地干扰，节约水、电、材料等资源和能源，遵循了可持续发展的理念。

装配式建筑的基本原理与现浇建筑基本相同，在建造过程中，一些建筑物采用更加安全可靠的连接方式进行组合，并且配合一些特殊的装配方法，为了改善整个建筑物的抗震性能，有必要根据实际情况设计建筑物的节点。装配式建筑结构可以在很大程度上提高建筑物的施工效率，也可以在设计和施工之间形成统一性。

在实际工程中，对相关部件进行设计和预制，确保施工期间其他施工环节仍然有足够的时间，这样可以大大提升施工效率，提前做好相应的准备工作。通过组装结构进行施工，进一步提高了施工项目的建设效率，并增强了施工建设各个阶段之间的协调性。此外，在装配式建筑中大多采用的是绿色环保材料，不仅可以有效地保证工程质量，而且符合我国可持续发展的战略要求。装配式建筑结构是标准化的建筑技术，可以推动整个建筑业向标准化、模块化、工业化方向转型升级。

4.7.2　装配式设计重点

（1）结构节点设计　结构连接节点的设计是整体结构的核心工程，也是确保整个项目质量的重要手段。在设计节点时，设计者更加注意连接节点结构的安全性，并确保整体建筑结构的科学合理性。同时，还要确保现场的计算和分析符合实际工程的真实情况，从而保证装配式建筑的整体质量。在实践中，装配式建筑结构的设计原则与普通的建筑设计原则基本相同，在实际施工过程中，应使用多种装配方法相结合。同时保证达到良好的施工效果。在对每个结构节点进行改变时，必须根据工程的实际情况和标准规格做出进一步的调整和优化。

（2）预制构件设计　装配式建筑的预制构件在整体建筑设计中占有非常重要的地位，预制构件的质量直接影响整个施工过程和完工后的整体质量。同时也要保证预制构件满足墙体保温和隔声要求。设计中，必须仔细考虑施工现场的实际情况和建筑物的内部空间结构，以及施工所要求达到的功能，在此基础上，精确设计墙体支撑结构可以有效地提高整体建筑结构的稳定性。另外，在预制构件的生产中采用 BIM 技术，可以优化构件在生产前的整合过程。

（3）标准化的构件设计　在装配式建筑结构设计中，必须尽可能地优化分配工作以获得更标准的建筑部件。由于我国装配式建筑仍处于发展的初级阶段，许多建设方案尚未成熟，这意味着一些主要结构部件还很难实现完全的预制生产。因此，在目前的装配式建筑中，需要不断增加构件的标准化程度。

4.7.3　装配式主要施工工艺

智韵大厦项目施工中，工程结构高度较高且楼层间净空高度较大，应采用合理的平面和立面布置方案，以保证结构的整体刚度；同时，采用了预制加气混凝土条板、装配式叠合板、装配式楼梯的装配式构件。在施工工艺选择上，工程质量控制主要体现在以下几个方面。

（1）预制构件安装施工　考虑到装配式结构的特殊性，项目中重点考虑预制构件安装的施工工艺。经过分析比较，从技术和经济角度考虑采用了预制混凝土构件吊装施工工艺，即利用现场起重机对预制混凝土构件进行吊装。

对主体结构的吊装是一项非常重要的工作。其目的在于将建筑物中的各个部分进行安装，以达到整体稳定和美观的要求。首先，需要对整个工程进行规划和设计。在这个过程中，需要考虑到各种因素，如材料的选择、构造方式、力学性能等方面的问题。同时，还需要考虑如何保证建筑物的安全性和稳定性。在此基础上，开始制定具体的施工方案。其次，需要对每个部件进行详细的设计和计算，包括确定各部件的位置、尺寸、重量等，并通过有限元分析来验证其强度和刚度是否符合规范的要求。此外，还需注意不同部位之间的配合性和协调性等问题。最后，需要进行现场的施工。在这一阶段，需要严格遵守各项安全规定，确保工人的人身安全。同时还要关注每一个细节，例如吊装设备的选择、操作方法等。只有这样才能保证施工质量和进度的顺利进行。总之，主体结构吊装是一个复杂的过程，需要充分准备和细致实施。只有经过精心的方案设计和合理的施工措施，才能实现高质量、高效率的目标。

工程要求对预制构件进行严格的检验和验收。除了应达到设计要求外，还应保证预制构件的几何尺寸和外观质量符合要求，同时还应对预制构件的表面进行打磨处理。工程对施工安装人员的素质要求较高。为了确保施工质量，本工程对安装施工人员进行了上岗前的专业技术培训和教育。

（2）装配式楼梯施工　在装配式楼梯设计中，其主要结构构件有支撑梁、底板、顶板、梯梁、梯板及斜梁。支撑梁主要承受水平推力，由预制楼梯底部的固定支座支承；底板和顶板均为预制楼板，水平力通过现浇部位传递到基础底板上；梯梁是预制楼梯的支撑点，对预制楼梯起到了约束作用；斜梁是预制楼梯的加强构件，斜梁受力较大且方向不确定，其节点构造要求较高。

由于预制楼梯与主体结构的连接方式为焊接连接，因此其制造难度较大，在施工过程中需要对预制楼梯进行加工处理。楼梯间的钢梁和钢柱是需要特别注意的部位，由于这些部分暴露在外部环境下，容易受到腐蚀和损坏。因此，对于楼梯间裸露出来的钢梁和钢柱进行装饰处理是非常必要的。在实际工程中，为了保证楼梯间裸露的钢梁和钢柱能够长期稳定地使用，施工中采用了多种不同的装饰措施来保护它们。其中一种常见的方法是在钢梁和钢柱表面喷涂一层防腐涂料或油漆层，以防止其被氧化或者受潮侵蚀。此外，还可以采用其他一些特殊的材料如玻璃纤维增强复合材料等，对楼梯间裸露的部分进行加强。

除了上述措施外，还需要考虑到楼梯间的通风和采光问题，在设计时应充分考虑通过选择合适的材料和工艺来取得最佳的效果。同时，还要注意控制施工过程中可能产生的噪声和振动等问题，确保居民的生活质量不受影响。总之，楼梯间裸露的钢梁和钢柱需要经过精心设计的装饰处理才能达到良好的效果。只有通过综合考虑各种因素并采取相应的措施，才能保障装配式钢结构高层住宅的安全可靠运行。

（3）室内精装修施工　在安装时，需要将多个构件拼接在一起形成完整的墙壁和顶棚。这种拼接方式会导致墙体表面出现明显的拼缝线，如果不加以处理，会影响到房屋的美观性和舒适度。为了解决这个问题，施工中采用了一种特殊的工艺方法，即涂层处理。具体来说，在砌筑前先对所有构件进行喷涂处理，使得它们表面光滑平整，减少了拼缝线的存在概率。然后在实际施工中使用专业的胶水黏合剂来连接各个构件，确保它们的牢固性。再通过涂层处理的方法，使整个墙体呈现出统一的色调和质感，从而达到更好的装饰效果。除了墙体有拼缝的问题外，装配式钢结构高层住宅还存在着套内墙面的特殊情况，因为这些墙面是由多块构件组成的，所以在贴覆材料的选择上也需要注意，通常情况下使用石膏板或瓷砖作为贴面材料，以保证墙面的质量和稳定性。

此外，还需要注意墙面的防水性能，防止雨水渗入导致墙面变形等。装配式钢结构高层住宅的设计和施工都需要考虑到各种问题的解决方案。对于墙体有拼缝的情况，可以采取涂层处理的方法；而对于套内墙面的问题，则需要选择合适的贴面材料并加强防水措施。只有这样才能实现高质量的建筑品质要求。

（4）装配式钢结构对机电安装施工的影响　装配式钢结构也给设计师和施工方提出了更高的要求。在机电安装方面，装配式钢结构的设计和施工中需要注意以下几点：

第一，电气线路布置。装配式钢结构的构造方式不同于传统的混凝土结构，因此对于电气线的布置方案需要进行重新规划。应考虑电气线的敷设位置是否符合安全标准，同时保证线路的稳定性和可靠性。

第二，管道管路布置。装配式钢结构中的管道管路布置也是一个重要的问题。为了确保管道的畅通性和安全性，必须严格遵守相关规定并采取有效的措施防止管道泄漏或破裂。

第三，空调系统。装配式钢结构的内部空间较大且通风性较差，因此空调系统的选择和配置非常重要。应该充分考虑房间面积的大小、采光情况等因素，以达到最佳的舒适度和节能效果。

第四，消防设备。装配式钢结构的火灾风险较高，因此消防设备的选择和设置也非常重要。应结合实际情况制定合理的防火计划，并在实际操作中加强培训和演练，提高员工的应对能力。装配式钢结构的运用不仅改变了建筑物的建造方式，同时也影响着其他方面的建设工作。设计师和施工方需要认真研究装配式钢结构的特点和应用方法，以便更好地满足客户的需求，实现项目的质量控制和进度管理目标。

4.7.4　装配式钢结构体系与 BIM 技术结合施工

装配式钢结构是一种具有优势的装配式建筑，它可以提高建筑的质量和施工效率，降低成本和风险。将装配式钢结构建筑与 BIM 技术相结合，建立信息模型能够起到虚拟建造的效果，为现场施工提供可视化依据。

装配式钢结构建筑的发展，不仅要依靠其自身具有的优点，更需要完善相关法律法规，大力推动产业改革。在信息化的时代，要推动装配式钢结构建筑与最先进、最成熟的技术相结合，才能发挥出体系的整体优势。科学的产业模式、完善的技术政策、合理的资源配置是建筑行业发展的方向，只有这样的项目建成后，才能建立一套设计完善的技术体系，在公平竞争和合理竞争之间取得平衡。

对于装配式建筑施工，需要进行大规模的吊装作业，预制构件的种类和数量比较多，有些构件重量达到几吨甚至十几吨，因此必须精确计算吊装参数，合理选择机械设备。施工现场平面布置容易发生变动，需要面临复杂的作业环境，构件找不到、吊装错误等问题并不少见，利用 BIM 技术可以为装配式建筑施工现场平面布置提供立体空间，以直观的方式展示时间上的逻辑和空间上的变化，特别是在起吊空间动态管理中，多台机械设备同时工作，会面临相互干扰的问题，影响施工效率和施工安全。利用 BIM 技术模拟起吊施工方案，优化调整吊装机械的位置、类型、数量。在临时建筑及安全疏散布置上，采用 BIM 技术进行日照分析，根据分析结果调整与临时建筑的距离，有利于降低室内照明、通风用电。

在临时道路布置上，利用 BIM 技术分析施工场地各种道路之间的关系，结合地下管网布置及地理信息系统，合理规划永久道路与临时道路、主干路与次干路，保证道路建设标准能够满足施工要求。在工作面规划上，涉及不同专业交叉作业的情况，利用 BIM 技术进行工作面划分，可直观展现不同时间段下施工进度安排，将工作面划分为多个子工作面，对比实际施工进度情况，协调各单位进行协同交叉作业。

　　在科学进行场地布置管理的基础上，加强对预制构件的管理，结合 BIM 技术，实现预制构件信息统一管理，通过 BIM 模型就可以明确预制构件信息，实时读取定位信息，准确找到具体摆放的位置，完成吊装施工。

　　加强施工进度管理，通过 BIM 技术进行施工模拟，能够直观地把控建筑建造进度，解决了传统施工进度管理存在的不足，通过精确计算人、材、机消耗量，保证施工资源的合理分配，在此基础上融入造价信息，可以得到不同时间节点的施工成本数据，实现施工过程成本的精细化控制。

　　随着城市化进程的不断加快和社会经济的发展，人们对居住环境的要求也越来越高，传统的砖混结构建筑已经无法满足人们的需求。因此，采用先进的技术手段进行建筑设计正成为一种趋势。在实际应用过程中，需要充分考虑材料的选择、工艺流程的优化以及工程管理等各方面的问题，以确保项目顺利进行并达到预期的效果。因此，建筑企业应给予装配式钢结构建筑更多的关注，从多个角度完成技术革新。同时国家层面应鼓励各高校加快对装配式钢结构建筑的研究，从基础领域给予技术支持，确保装配式钢结构建筑实现高质量发展。

第5章 智韵大厦绿建增量成本与绿色效益研究

绿色建筑增量成本与增量效益分析旨在更为科学、有效地推动绿色建筑在我国的发展，从全寿命周期角度去全面分析从决策到报废处理各个阶段产生的所有成本与效益，并依据经济学原理将其统一到某一时间点上具体分析。

生命周期理论隶属于生物学的范畴。最开始的时候，主要用来阐释具备生命特征的有机物质。有机物质的生命周期表示的是有机物质从生到死，由无到有的全过程。迄今为止，由于社会的不断发展，科技水平的逐渐提升，各个学科领域也开始相互交融，基于此，生命周期理论也被广泛应用到了各个领域中，其中包括管理学、经济学等方面。

20世纪七十年代，建筑行业全寿命周期成本理论得到快速发展，并逐渐形成了全寿命周期成本理论分析。以全寿命周期理论为基础，对建筑生产过程进行合理划分，将其分成相应的阶段，其中涵盖了项目决策、设计、准备、施工、后期运营以及拆除利用等全过程，这些环节统称为建筑物的全寿命周期，如图5-1所示。

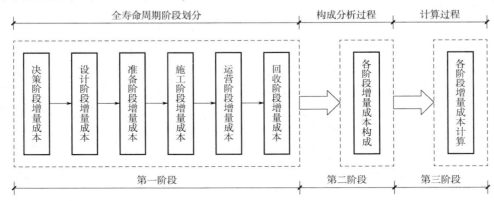

图 5-1　建筑物全寿命周期各个阶段

5.1　绿建增量成本分析

从经济学层面来看，增量成本来自边际成本的概念，其定义是指由产出增加而带来的总资本的变动，从量上等同于产出增加后的总资本与产出增加前的总资本的差额。实践中，从生产方式的角度来看，可以将其划分为两种类型，即全业务增量成本和全要素增量成本。在绿色建筑的一般分析中，引入的基础建筑是满足国家以及地方政府对于建筑材料的使用、能耗的节约等方面强制性的规定，以满足该最低要求的同等规模、同等能效的建筑作为计算增量成本的起点，研究绿色建筑在此基准上用于计划、建设、材料采购、运行等方面所增加的投资资本。基准建筑的满足程度在不同主体的眼中可能有所不同，房地产企业对于项目的定位以及建造的水准不同也会对此有所影响，总的来说，基准是满足国家对于建筑的计划、建设及运行等方面的政策以及制度规定的成本，按照流程又可以进一步细分为前期咨询增量成本、建设增量成本以及维护管理增量成本。

因此，绿色建筑的增量成本被普遍认为是由一个具体项目在整个全寿命周期内，即从最初的决策策划直至回收利用阶段，各个环节应用的相关绿色技术，施工方或建设使用方为此多付出的经济代价的总和。绿色建筑增量效益是指绿色建筑由于采用了节地、绿色材料、节能、节水、智能系统检测技术所带来的效益增加额。

智韵大厦项目绿色建筑增量成本分别从决策阶段、设计阶段、准备阶段、施工阶段、运营阶段、回收阶段进行分析，在全寿命周期阶段中，决策阶段主要增加成本包括因绿色建筑可行性评价、经济合理性评价、环境影响评估所需额外耗费的成本；设计阶段主要增加的成本包括设计方案审查、优化所需额外耗费的成本；准备阶段主要增加成本包括星级设计认证的申报、注册及评审所需额外消耗的成本；在施工阶段，针对增加的成本，则是因为应用了绿色技术，对以下几个方面产生了有利影响，包括节能、环保、节材以及节水等，从而所产生的额外成本；在运营阶段，则是因为后期的维护运营，导致成本有所增加；当处于回收利用阶段时，通常主要指拆除过程中对环境保护、生态环境复原、建筑垃圾分类回收再利用过程中所耗费的成本。具体构成以及分析如下。

5.1.1 决策阶段增量成本构成及分析

决策阶段，指的是对不同方案进行对比决策，在这一阶段，主要从以下几个方面进行分析，其中可包括经济、政策以及技术。这一阶段产生的增量成本，则可以表示为 $IC_{决策}$。

按照这一阶段制定的任务计划，通过与基准建筑进行对比后，绿色建筑所产生的增量成本包含了对绿色建筑技术可行性进行评估、对其环境影响进行评价、对其经济合理性进行评估、对其能源消耗水平进行评价，基于此产生的成本增加额，分别可以表示为 $IC_{决策技术}$、$IC_{决策环境}$、$IC_{决策经济}$、$IC_{决策能源}$。准备阶段增量成本的计算方法为：

$$IC_{决策} = IC_{决策技术} + IC_{决策环境} + IC_{决策经济} + IC_{决策能源} \tag{5-1}$$

5.1.2 设计阶段增量成本构成及分析

在设计阶段，则是进一步优化绿色建筑方案的过程，这一阶段的任务就是确定相应的方案规划以及概算指标，并在规定时间内完成施工图的设计要求。在此过程中，为了设计出最好的建筑方案，必须对其进行优化与对比，选出最佳的建筑方案，满足健康环保、节约资源的要求。

在此期间，由于优化设计方案内容，也生成了一系列的优化设计成本，除此之外，还需要对其进行审查，由此也就生成了审查成本。基于上述产生的成本增加额可被归纳为设计阶段增量成本，用 $IC_{设计}$ 表示。

结合设计阶段的任务要求，与基准建筑进行对比，绿色建筑在这一阶段的增量成本包括优化方案审查成本增加额、绿色建筑方案优化设计成本增加额，分别将其表示为 $IC_{设计审查}$、$IC_{设计优化}$。基于此产生的增量成本可用公式表示为：

$$IC_{设计} = IC_{设计审查} + IC_{设计优化} \tag{5-2}$$

5.1.3　准备阶段增量成本构成及分析

与现行标准建筑相比，绿色建筑项目必须在完成设计之后采取星级评价，主要分成以下几个等级，即基本级、一星级，二星级与三星级。将星级认证列入准备阶段的任务要求，通过与基准建筑进行对比可以发现，绿色建筑在此阶段的增量成本包括星级认证的申报、注册以及评审等行为所造成的成本增加额，用 $IC_{准备}$ 表示。

5.1.4　施工阶段增量成本构成及分析

绿色建筑施工阶段是项目的重要执行阶段，也是资源投入最集中的阶段。在这一阶段，绿色建筑的增量成本，包括应用相应的绿色建筑技术生成的成本增加差额，可以表示为 $IC_{施工}$。具体构成情况见表 5-1。

表 5-1　绿色建筑施工阶段增量成本

评价指标	技术措施	增量成本表现
节地与土地利用	屋顶绿化技术	植被种植，土壤层、蓄排水层、隔根层施工
	生态园林景观	园林设计、植被种植、建筑物施工
节能与能源利用	围护结构技术	遮阳系统、外墙保温隔热材料、门窗设计
	太阳能利用技术	太阳能光伏、太阳能电池安装
	永磁变频技术 热泵技术	设备安装、施工钻井、网管铺设
	高效照明技术	声控系统、智能系统建设
节水与水资源利用	节能器具的使用	节水水龙头、节水塞等节能器具的购买、安装
	雨水收集系统/中水回用系统	雨水处理系统、中水系统安装等
节材与材料资源利用	混凝土新技术	水泥节材技术、建筑结构采用高强度混凝土
	可循环材料	墙体、地基、屋顶、楼板、防火门、钢梯等
	新型墙体材料	多孔砖、加气混凝土砌块等新型墙体材料

（续）

评价指标	技术措施	增量成本表现
室内环境质量	空气环境技术	空气净化器、通风装置的安装
	隔声技术	墙体隔声、门窗隔声材料的安装

1. 节地与土地利用增量成本

节地与室外环境技术主要由两个部分组成，一是在节地层面利用旧建筑或者废弃场所以及对地下空间进行开发利用的技术，二是在室外环境层面采用种植物的方式，旨在增加透水地面面积及提升室外绿化率的技术。由此产生的费用即是这一部分的增量成本，将其表示为 $IC_{节地}$，主要包括以下几个方面。

（1）地下空间开发利用　随着我国城镇化进程日益加快，地上可利用资源逐渐减少，合理开发地下空间，是城市节约用地的必然选择，通常可以将地下空间用作车库、机电设备机房、仓库等。这部分带来的成本投入用 $IC_{地下空间利用}$ 表示。

智韵大厦项目地下共两层，地下总建筑面积为 $27500m^2$，主要功能为车库及设备用房。地下空间总停车位有机动车位 610 个。项目地下建筑面积与总用地面积比例为 1.23：1，充分利用了地下空间。合理开发利用地下空间自评得分 7 分，采用机械式停车设施、地下停车库或地面停车楼等方式自评得分 8 分。

（2）室外透水地面增量成本　室外透水地面主要包括自然裸露地面、绿化地面、公共绿地以及覆盖面超过40%的镂空地面。这种设计不但能使地下水收集能力与地面透水能力得到显著提升，还可以产生降低市区热岛效应的效果，从某种程度上来说，也使市政排水压力得到了缓解，这一部分的增量成本用 $IC_{透水地面}$ 表示。

（3）室外绿化增量成本　绿化是城市生态环境和提升生活质量的重要元素。提高绿化率是绿色建筑比较重要的一项目标，达成这项要求可以采用以下几种方法，包括种植植物群落以及屋面绿化等，不但能减少城市热岛效应，而且还可以使绿化率得到显著提升，并创造出更多的公共活动空间。绿色建筑与基准建筑对该项技术使用而产生成本的增加差额即为绿化增量成本，用 $IC_{绿化}$ 表示。

综合上述对节地与土地利用的增量成本分析，其计算方式为：

$$IC_{节地} = IC_{地下空间利用} + IC_{透水地面} + IC_{绿化} \tag{5-3}$$

智韵大厦项目充分利用场地空间设置了乔、灌、草的复层绿化用地。项目绿地面积 $4001.12m^2$，项目用地面积 $22406.7m^2$，项目绿化率 17.86%，绿化率达到规划指标的 105% 以上，且绿地向公众开放。同时，屋顶设置绿化，屋顶绿化面积为 $88.65m^2$。

2. 节能与能源利用增量成本

节能与能源利用技术主要体现在三个方面：首先，在节能方面应用节能材料及设备等；其次，在能源利用方面尽可能使用可再生能源；最后，基于 BIM 技术的绿色建筑设计、施工与运维。节能与能源利用的目的是为了降低建筑能源的消耗，基于此产生的增量成本表示为 IC$_{节能}$，具体如下所述：

（1）围护结构增量成本　围护结构增量成本，表示的是由于采取了外围护节能措施，从而产生的成本增加额，表示为 IC$_{围护}$，主要体现在外墙、屋面以及门窗等采用保温隔热措施而降低的能耗。例如，墙体选择应用加气混凝土砌块节能材料、门窗采用 Low-E 双中空玻璃结构等，可以达到隔热、隔声、安全、耐久和防护等效果。

智韵大厦项目采用简约的幕墙装饰性构件，占总造价比例为 0.98%，不超过总造价的 1%。满足《标准》2019 版第 7.1.9 条规定："建筑造型要素简约，且无大量非功能性的装饰性构件，公共建筑的装饰性构件造价占建筑总造价的比例不应大于 1%。"，具体见表 5-2。

表 5-2　幕墙装饰性构件造价比例

构件类型	成品格栅/元			总造价/元	装饰构件比例
	工程量/m²	综合单价/(元/m)	小计/元		
幕墙	3869	860.92	3331631.25	339000000	0.98%

同时，项目所采用的装饰装修材料中，外墙涂料采用水性氟涂料或耐久性相当的涂料，防水密封材料选用耐久性符合现行国家标准《绿色产品评价防水与密封材料》（GB/T 35609）规定的材料；室内装饰装修材料采用耐久性好、易维护，且内檐涂料耐洗刷性 ≥5000 次，釉面砖耐磨性 ≥4 级，无釉砖磨坑体积 ≤127mm³。由此可知，该成本体现在门窗、屋面以及外墙三个方面，其增量成本可通过计算绿色建筑与基准建筑的施工造价成本，根据二者的差额确定。

（2）照明系统增量成本　在建筑的耗能中，照明系统的耗能占 20%～30%，因此该技术可带来较大的节能效益。照明系统节能技术主要是通过提高照明系统光效及进行灯具智能控制，从而达到降低能耗以及减少灯具的使用。例如项目使用 LED 投影灯、可变光源，并设置光电控制装置等，诸如此类的照明系统会产生成本增加额，即为照明系统的增量成本，表示为 IC$_{照明}$。

智韵大厦项目所有灯具为一类灯具。工程地下车库的车位、车道采用单管 LED 灯具（14～16W），应急疏散指示灯和安全出口标识灯采用 LED 光源，其余场所普通照明采用 LED 灯具，相关色温 4000K，显色指数大于 80。而且装饰用灯具、功能性灯具，如应急灯、出口标志灯、疏散指示灯等均有国家主管部门的检测报告，采用的照明灯具功率因数不小于 0.9。

另一方面，项目地下车库、大厅、走廊等公共场所普通照明由智能照明控制系统控制，分回路、分区域控制；智能照明控制系统主机设置在安防控制室内。智能照明系统输出模块的信号接入 BA 系统；楼梯间和楼梯前室（电梯与楼梯合用前室除外）的照明采用竖向配电，红外感应开关控制。照明控制满足了绿建相关要求，装修二次设计时适当设置自动调光装置，照明功率值见表 5-3。

表 5-3　照明功率值

主要功能房间		照度值/lx		照明功率密度/(W/m²)	
		实际值	标准值	实际值	现行值折算值
房间类型	指挥大厅	326	300	7.72	10
	展厅	307	300	3.4	8
	接待室	288	300	7.85	8
	商业内厅	187	200	3.1	3.5
	大堂	218	200	2.99	8
	电梯厅	91.3	100	1.5	3.5
	会议室	329	300	7.63	8
	走廊	110	100	2.22	3.5
	董事长办公室	298	300	2.91	8
	技术部	468	500	5.19	13.5
	物流经理室	285	300	6.58	8
	财务室	309	300	5.65	8
	会议室 17 层	270	300	5.73	8
	总经理办公室	328	300	2.93	8
	消防安防控制室	277.17	300	4.21	13.5
	配电间	207.53	200	3.26	6
	车道	53.44	50	0.93	1.9
	车位	31.45	30	0.52	1.9

由上可知，照明系统增量成本主要是指高效照明、智能照明的增量成本，通过对绿色建筑与基准建筑的成本进行计算比较，根据二者的差额确定。

（3）暖通空调系统增量成本　空调系统的功能是维护建筑内部适宜的空气质量、热湿环境。暖通空调节能系统的采用，可有效减少用电量。由于提升该系统能效水平方面导致的增加额，用 $IC_{暖通空调}$ 表示。

（4）可再生能源增量成本　可再生能源指的是在自然界中可以持续产生的能源，其中可包含太阳能、风能、地热能以及海洋能等，符合可持续发展战略目标的能源系统。

可再生能源增量成本，由 $IC_{可再生}$ 表示，主要是利用太阳能的增量成本。

智韵大厦项目设置了光伏发电系统。光伏发电系统采用并网方式运行，总投资约 120 万元。项目年并网电量收益总额为 6.94 万元，投资回收期为 17.29 年。

（5）利用 BIM 技术增量成本　利用 BIM 技术进行绿色建筑精细化管理是贯穿整个项目全生命周期、全过程的应用。根据 BIM 系统施工方案、进度计划、物资需用计划等从模型中提取信息，在施工各阶段对总平面、机械、分包进行协调管理，从而合理规划现场平面布置，减少材料二次搬运，优化机械选择方案。采用 BIM 系统产生的成本增加额，即为 BIM 技术增量成本，用 IC_{BIM} 表示。

综合上述对节能与能源利用的增量成本分析，其增量成本可用计算公式表示为：

$$IC_{节能} = IC_{围护} + IC_{照明} + IC_{暖通空调} + IC_{BIM} \tag{5-4}$$

智韵大厦项目应用了建筑信息模型（BIM）技术，项目通过 BIM 技术的支持，在设计阶段成效显著，设计阶段利用协同平台，建筑、结构、水、暖、电全专业在同一个模型里面协同工作，实现实时信息共享，对工作效率的提升有着显著的效果。

3. 节水与水资源利用增量成本

绿色建筑节水项目制定了水系统规划设计方案，综合利用各种水源，主要包括污水处理、中水利用系统及给水排水系统设计、节水器具选用、再生水利用、用水量的测定等方面。另外方案中使用的绿色建筑节水措施，须首先保证满足用户生活用水的正常供应。这一增量成本可以表示为 $IC_{节水}$，其具体构成如下所述。

（1）节水设备与器具的增量成本 各个地区在建设绿色建筑时，必须对节水型设备与器具予以充分考虑；并结合实际情况采取合理的节水措施，这一增量成本表示为 $IC_{节水}$。

在智韵大厦项目实施中，一方面卫生器具的选用符合《节水型生活用水器具》（CJ/T 164—2014）及《节水型产品通用技术条件》（GB/T 18870—2011）的要求，节水等级 1 级；而且卫生洁具的五金配件均选用住房和城乡建设部指定的节水型产品，水嘴选用陶瓷芯片感应式节水型等。

另一方面，工程设置了用水量远传计量系统，能分类、分级记录、统计分析各种用水情况，利用计量数据进行管网漏损自动检测、分析与整改，管道漏损率低于 5%。并设置水质在线监测系统，监测生活饮用水、非传统水源、空调冷却水的水质指标，记录并保存水质监测结果，且能随时供用户查询。

（2）非传统水源利用增量成本 非传统水源在绿色建筑节水项目中有着非常大的利用空间，在充分考虑建设项目所在地的气候条件下（如水资源分布、降雨量），可以有效地提高水资源的利用率，目前可利用的非传统水源主要是指雨水、中水和污废水。其中雨水通常可用于绿化工程。中水是指将生活污水通过中水系统设备处理后，达到某种需求的水，通常用作厕所冲洗、消防用水、绿化浇灌及道路浇洒等。污废水系统中，采用雨污水分流，污废水合流，厨卫分流的排水体系。生活污水经化粪池处理，公共餐饮废水经隔油池或隔油器处理后排入市政管网，雨水经汇集后排入市政管网等技术措施。项目非传统水源利用率为 57.4%。使用该部分技术措施而产生的增加额表示为 $IC_{非传统水源}$。

（3）节水灌溉技术增量成本 节水灌溉技术指的是采用智能化设备系统，定期定量对植被或者绿地进行灌溉，比较常见的设备主要有温度传感器以及气候变化调节器等。利用该技术生成的增加额即为节水灌溉技术增量成本，用 $IC_{灌溉}$ 表示。

综合上述对节水灌溉技术的增量成本分析，其增量成本可表示为：

$$IC_{节水} = IC_{节水器具} + IC_{非传统水源} + IC_{灌溉} \tag{5-5}$$

智韵大厦项目在节水灌溉系统基础上，设置土壤湿度感应器、雨天关闭装置等节水控制措施。能够实现自动定时定量灌溉、自动改变灌水持续时间、临时灌水等自控操作，减少了不必要的灌溉并方便了日常的养护，避免了水资源的浪费。采用节水灌溉系统的绿化面积比例为 100%。

4. 节材与绿色建材利用增量成本

通过对绿色建筑节材与材料利用技术进行分析后发现，其所表示的是应用绿色建筑材料，包括高性能混凝土、多功能复合一体化墙体材料等，并尽量使用可再生、废弃建材，该技术的应用目的是为了降低建筑材料的使用，达到节材的目的，这一增量成本表示为$IC_{节材}$，具体如下所述：

（1）绿色建筑材料增量成本　绿色建筑材料是指使用了清洁生产技术，具有无放射性、无害、无污染特性的高性能、高强度建筑材料。由此产生的相对于普通建材的成本增加额即为绿色建筑材料增量成本，表示为$IC_{绿材}$。智韵大厦绿色建材应用比例约为70%。

（2）可再循环材料利用增量成本　绿色建筑材料循环再利用技术主要包括使用可再循环材料和再利用材料，可再循环材料主要包括金属材料（钢材、铜等）、玻璃、铝合金型材、石膏制品、木材。采用可再利用材料在回收阶段可以减少建筑垃圾的产生及垃圾清运费用，并且可以再利用，减少成本。因此，循环再利用材料的使用对于建筑的可持续发展有着重要的作用，这一增量成本表示为$IC_{循环再利用}$。

智韵大厦项目墙体、地基、屋顶、楼板、幕墙、管材、防雷接地、桥架以及防火门、钢梯等，采用了可再循环材料，可再循环材料的使用重量占所有建筑材料总重量的比例为10.05%，项目施工阶段采用的可再循环材料使用重量及占比，见表5-4。

表5-4　可再循环材料使用重量及占比

	材料种类	单位	工程量	密度/ （kg/m³）	重量/t	可再循环材料总重量/t	建筑材料总重量/t	用途部位
可循环利用材料	钢筋、钢柱、桁架等	t	7383.16	—	7383.16	10735.13	106779.01	墙体、地基、屋顶、楼板等
	钢制门	t	48.52	—	48.52			防火门、钢梯等
	铜	t	107.17	—	107.17			电缆、铜球阀等
	金属管、桥架等	t	1200.23	—	1200.23			管材、防雷接地、桥架等
	铝合金型材	t	1057.26	—	1057.26			幕墙
	玻璃	t	938.79	—	938.79			幕墙、窗
不可循环利用材料	混凝土	m³	38010.23	2300.00	87423.53			墙体、地基、楼板
	砂浆	m³	889.00	1700.00	1511.30			墙体
	砌块	m³	11095.28	600.00	6657.17			墙体
	保温层	m²	36612.34	120.00	391.15			外墙屋面石墨聚苯板、岩棉板等
	防水	m²	15093.93	1800.00	60.73			屋面
可再循环材料使用重量占所有建筑材料总重量的比例						10.05%		

（3）高性能材料与构件利用增量成本　与参照建筑相比，绿色建筑在选择材料时通常会选择高性能材料，如高性能混凝土、高强度钢筋，能够减少钢筋和混凝土的使用量，对节材有着重要的影响，还可以通过减少一些不必要的构件，减少原材料的使用。这一增量成本表示为$IC_{高性能}$。

智韵大厦项目结构体系为框架结构（地库）、框剪结构、框筒结构，结构构件中采用不低于400MPa级受力钢筋的比例达到受力普通钢筋总量的98.29%；混凝土竖向承重结构采用强度等级不小于C50混凝土的用量占竖向承重结构中混凝土总量的比例达到52.98%，具体内容见表5-5、表5-6。

表5-5　高强度钢筋利用比例

钢筋型号	单位	1~3#	4#	5~8#	地库
一级钢筋 φ10 以内	t	18.785	33.167	21.939	47.361
三级钢筋 φ10 以内	t	243.742	620.39	299.014	455.408
三级钢筋 φ12~14	t	94.469	191.802	91.465	590.569
三级钢筋 φ16~18	t	13.647	27.313	19.661	538.150
三级钢筋 φ20~25	t	8.951	47.389	14.966	788.434
三级钢筋 φ28~32	t	0	0.466	0.383	135.241
四级钢筋 φ10 以内	t	0.659	1.873	0.095	1.252
四级钢筋 φ12~14	t	11.716	50.665	14.745	40.560
四级钢筋 φ16~18	t	27.886	66.457	40.323	68.121
四级钢筋 φ20~22	t	102.217	207.07	153.775	206.593
四级钢筋 φ25~32	t	198.539	496.191	201.361	573.623
高强度钢筋 CRB600H φ10 以内	t	54.335	162.221	66.469	
高强度钢筋 CRB600H φ10 以外	t	11.311	3.651	14.828	
三级及以上钢筋合计	t	6957.996			
钢筋总量合计	t	7079.248			
三级及以上钢筋占比	%	98.29			

表5-6　竖向结构 C50 以上混凝土比例

竖向结构混凝土类型	单位	1~3#	4#	5~8#	地库
C35P6 混凝土矩形柱	m³	0.00	0.00	0.00	51.19
C55 混凝土矩形柱	m³	0.00	671.35	0	224.99
C50 混凝土矩形柱	m³	148.63	295.68	327.92	518.70
C45 混凝土矩形柱	m³	109.43	134.40	147.97	0.00
C40 混凝土矩形柱	m³	78.64	589.02	60.99	0.00
C35 混凝土矩形柱	m³	50.89	0.00	60.8	0.00
C30 混凝土矩形柱	m³	0.00	0.00	32.53	0.00
C35P6 混凝土直形墙	m³	0.00	0.00	0.00	1201.60

（续）

竖向结构混凝土类型	单位	1~3#	4#	5~8#	地库
C35P6 混凝土弧形墙	m³	0.00	0.00	0.00	30.47
C50 混凝土弧形墙	m³	0.00	0.00	0.00	21.18
C55 混凝土直形墙（200mm 厚以内）	m³	0.00	84.64	0.00	13.80
C55 混凝土直形墙（200mm 厚以外）	m³	0.00	946.58	0.00	326.74
C50 混凝土直形墙（200mm 厚以内）	m³	40.81	22.73	297.14	8.49
C50 混凝土直形墙（200mm 厚以外）	m³	543.81	229.28	250.63	2089.05
C45 混凝土直形墙（200mm 厚以外）	m³	470.74	153.54	271.47	0.00
C45 混凝土直形墙（200mm 厚以内）	m³	0.13	23.54	172.93	0.00
C40 混凝土直形墙（200mm 厚以外）	m³	342.77	254.84	136.96	0.00
C40 混凝土直形墙（200mm 厚以内）	m³	0.00	23.54	84.07	0.00
C35 混凝土直形墙（200mm 厚以外）	m³	186.90	202.08	136.91	0.00
C35 混凝土直形墙（200mm 厚以内）	m³	0.00	23.54	79.46	0.00
C30 混凝土直形墙（200mm 厚以外）	m³	23.10	726.16	86.29	0.00
C30 混凝土直形墙（200mm 厚以内）	m³	2.83	84.24	44.58	0.00
C55 混凝土电梯井壁墙	m³	0.00	112.13	0.00	14.03
C50 混凝土电梯井壁墙	m³	23.03	32.13	63.34	188.50
C45 混凝土电梯井壁墙	m³	22.26	28.17	47.03	0.00
C40 混凝土电梯井壁墙	m³	12.82	28.17	23.17	0.00
C35 混凝土电梯井壁墙	m³	11.06	28.17	23.06	0.00
C30 混凝土电梯井壁墙	m³	0.00	86.85	15.37	0.00
C30 混凝土女儿墙（1200mm 高以下）	m³	37.30	66.02	69.13	0.00
C30 混凝土烟囱风道墙	m³	13.36	0.00	21.37	0.00
竖向结构 C50 以上混凝土用量合计	m³	7474.13			
竖向结构混凝土用量合计	m³	14107.17			
竖向结构 C50 以上混凝土用量占比	%	52.98			

综上，绿色建筑节材与材料利用增量成本 $IC_{节材}$ 为：

$$IC_{节材} = IC_{绿材} + IC_{循环再利用} + IC_{高性能} \tag{5-6}$$

5. 室内环境质量增量成本

拥有良好舒适的室内环境是绿色建筑应达到的基本要求，同时也是人们追求生活品质最直观的需求。常见的室内环境需求由以下几部分组成，即：室内热湿环境、室内空气品质、室内风环境、室内声环境以及室内光环境等。这一增量成本表示为 $IC_{室内环境}$，具体如下所述：

（1）室内热湿环境增量成本　室内热湿环境增量成本指的是为了使室内热湿环境的稳定性得到保障，选择适当的空调设备，从而生成的成本增加额，用 $IC_{热湿环境}$ 表示。本项目合理选择配置了 5 套不同类型的末端空调系统优化设计，室内气流组织合理，室内工作区温湿度、风速、洁净度等更好地满足了人们生活的环保性与舒适性要求。同时，建筑外遮阳也能够对室内热湿环境起到良好的改善作用。

（2）室内空气品质增量成本　室内空气品质增量成本是指采用空气检测及净化装置使建筑室内空气得到良好的流通。项目综合考虑建筑情况、室内装修设计方案、装修材料的种类和使用量、室内新风量、环境温度等诸多影响因素，以各种装修材料、家具制品主要污染物的释放特征（如释放速率）为基础，控制室内污染物的总量，由此而增加的成本，用 $IC_{空气品质}$ 表示。

（3）室内风环境增量成本　室内风环境增量成本是指使用风压和热压设备尽可能提高自然通风率的措施而增加的成本，用 $IC_{风环境}$ 表示。

（4）室内声环境增量成本　室内声环境增量成本是指建筑采用隔声、减震材料和措施来避免相互的声音干扰，且保证室内活动隐私性，由此产生的增量成本，表示为 $IC_{声环境}$，项目中包含隔振装置费用、隔声材料费用（隔声挡板、绿化隔声带、隔声墙）等。

（5）室内光环境增量成本　指的是为了提升自然采光效率，通过采用自然光源的方式，从而生成的成本增加额，表示为 $IC_{光环境}$。项目通过合理地设计房屋的层高、进深与采光口的尺寸、采光顶幕墙系统、采光天窗等来营造良好的天然光环境。

通过上述各部分的增量成本分析，室内环境增量成本 $IC_{室内环境}$ 可表示为：

$$IC_{室内环境} = IC_{热湿环境} + IC_{空气品质} + IC_{风环境} + IC_{声环境} + IC_{光环境} \tag{5-7}$$

综上，智韵大厦项目施工阶段的增量成本 $IC_{施工}$ 表示为：

$$IC_{施工} = IC_{节地} + IC_{节能} + IC_{节水} + IC_{节材} + IC_{室内环境} \tag{5-8}$$

5.1.5　运营阶段增量成本构成及分析

运营阶段是指在建设各相关方完成对绿色建筑竣工验收，确定其符合规定要求之后移交至使用者，物业公司与使用者即为这一阶段的管理主体，主要工作是保证建筑能够正常运转，其中包括需对在建造过程中运用的节能设备进行定期维护、保养、更换并做好实时监控管理，例如雨水回收再利用、智能化设施、太阳能系统等，以及对生活废弃物进行分类再处理，这一增量成本表示为 $IC_{运营}$，具体如下所述。

1. 节能设备维护增量成本

在这一阶段，维护节能设备有序运行期间，因节能设备经济寿命和自然寿命有限，难免会出现对节能设备进行大修、甚至更换的情况，由此产生的成本增加额，即为节能设备维护增量成本，用 $IC_{维护}$ 表示。

综上所述，节能设备维护增量成本主要包括节能设备维修增量成本和节能设备更换增量成本，可表示为：

$$IC_{维护} = \sum_{i=1}^{n} (A_i - B_i) + \sum_{j=1}^{n} (C_j - D_j) \tag{5-9}$$

式中　A_i——运营阶段，绿色建筑第 i 种节能设备的维修成本，元/次；

　　　B_i——运营阶段，基准建筑所产生的第 i 种普通设备的维修成本，元/次；

　　　C_j——运营阶段，绿色建筑第 j 种节能设备的更换成本，元/次；

　　　D_j——运营阶段，基准建筑所产生第 j 种普通设备的更换成本，元/次。

2. 废弃物处理增量成本

绿色建筑的建筑废弃物处理及再利用是运营阶段使用方需要每天进行的工作，日常对其处理应遵循无害化、资源化和减量化原则。首先在源头做好垃圾分类投放工作，减少垃圾处理量；其次尽量选择坚固耐用的不锈钢或石材等材质的垃圾容器，配备垃圾管理专业人员等。由此产生的增量成本为 $IC_{废弃物处理}$，如下式所示：

$$IC_{废弃物处理} = \sum_{k=1}^{n} (E_k - F_k) \tag{5-10}$$

式中　E_k——运营阶段，绿色建筑第 k 种废弃物处理成本，元/年；

　　　F_k——运营阶段，基准建筑第 k 种废弃物处理成本，元/年。

3. 智能管理系统增量成本

选择规范有效的监控系统，可以确保绿色建筑的有序运行，例如采用智能化管理系统、照明系统以及暖通空调通风设备监控系统。这一增量成本用 $IC_{智能管理}$ 表示。

智韵大厦项目弱电机房设置于地下一层车库内；设置三网入户的条件，可满足多家电信业务经营者自由接入。而且新风机、排风机、送风机、组合式空调器、吊顶空调机、公共区域风机盘管等采用手、自动转换控制并预留 BA 控制接口。污水泵采用浮球控制器就地控制，低位停泵，高位起泵，高、低和超高水位自动报警；预留水位显示及泵运行、故障的BA 接口；生活给水、污水提升装置自带控制系统。

综合上述对运营阶段增量成本的分析，可表示为：

$$IC_{运营} = IC_{维护} + IC_{废弃物处理} + IC_{智能管理} \tag{5-11}$$

5.2　绿建增量效益研究

全寿命周期角度重新定义了增量效益的内容。在项目的全寿命周期内，由于应用了相关绿色技术，与基准建筑方案比较，因为给环境减少的污染以及能源降低的消耗所带来的额外经济效益称为增量效益。根据受益主体差异及模糊水平进行合理划分，可以将其分成显性效益和隐性效益两类。显性效益一般受益主体明确，指对投资者或使用者带来的直接效益即经济效益。而隐性效益的受益主体比较多，由于绿色建筑的外部经济性特征，其受益主体复杂，人、自然等都可以成为其间接效益的受益主体，可以将其划分为环境效益和社会效益。

下面将从以下几个方面作为切入点，即从增量经济效益、增量社会效益以及增量环境效益等方面，重点探讨在全寿命周期内绿色建筑所带来的增量效益构成并提出相应的计算方法，另外本书所指的增量效益均是指与基准建筑相比较，具体分析思路详见图5-2。

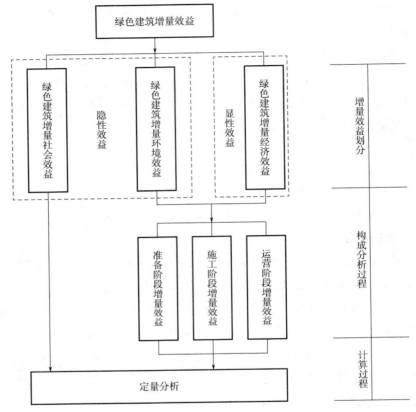

图 5-2　绿色建筑增量效益分析思路

5.2.1　绿色建筑增量经济效益构成及计算

绿色建筑的经济效益并不等同于传统意义上商业方面所指的经济利润和效益，它一般是指其所节约的能源、资源，而这些能源、资源是可以有其直接经济价值的，其在全寿命周期内给投资主体带来的经济利益增加额，即为增量经济效益，用 IB 表示。主要在准备阶段、施工阶段及运营阶段产生，具体体现在以下几个方面：

1. 准备阶段增量经济效益

绿色建筑是社会发展的必然趋势，各国政府都积极推行各种激励政策以助推其快速发展。近些年，我国政府也大力推行绿色建筑补贴政策，如 2013 年国务院办公厅 1 号文发布了国家《绿色建筑行动方案》，该方案对不同星级的绿色建筑给出了不同的奖励标准，随后我国各省市地方政府陆续出台了关于绿色建筑的各项法律法规与政策文件，可以将其表示为 IB$_{准备}$。

2. 施工阶段增量经济效益

绿色建筑在施工阶段产生的增量经济效益主要指在此阶段采用各种绿色技术带来经济上的效益，用 $IB_{施工}$ 表示。绿色建筑技术涉及的方方面面在此阶段能够带来增量经济效益的是节地技术和节材技术，而其他绿色建筑技术带来的增量经济效益都在运营阶段中产生，具体体现在如下几方面：

（1）节地与土地利用增量经济效益　节地与土地环境技术主要是通过地下空间开发利用、场地改造、提高地面透水率和室外绿化率等来实现节约土地功能，由此带来了经济、环境、社会方面的增量效益，其中增量经济效益主要是由地下空间开发利用等措施产生的，用 $IB_{节地}$ 表示，计算方式为：

$$IB_{节地} = (A_{绿地下} - A_{基地下}) \times P_{土地购置} \tag{5-12}$$

式中　$A_{绿地下}$——绿色建筑中所产生的地下使用空间占地面积，m^2；

$A_{基地下}$——基准建筑中所产生的地下使用空间占地面积，m^2；

$P_{土地购置}$——项目所在地土地购置单价，元/m^2。

（2）节材与绿色建材增量经济效益　该部分增量效益主要源自应用绿色建筑高性能的材料成本的节省，例如在施工过程中，选择应用高性能混凝土取代基准建筑普通混凝土，可以适当缩小构件的截面尺寸，从而减少材料使用量，达到节约材料成本的目的。该部分增量经济效益 $IB_{节材}$ 可表示为：

$$IB_{节材} = \sum_{i=1}^{n} \left[(Q_{i基准} - Q_{i绿色}) \right] \times P_{i基准} \tag{5-13}$$

式中　$Q_{i基准}$——基准建筑中采用的第 i 种普通建材的用量；

$Q_{i绿色}$——绿色建筑中采用的第 i 种绿色建材的用量；

$P_{i基准}$——第 i 种基准建材所产生的市场单价，元/单位。

智韵大厦项目主体结构采用预拌混凝土、预拌砂浆，装修、防水、保温、密封材料以及卫生洁具等均采用了绿色建材，应用比例达到 70%。

3. 运营阶段增量经济效益

绿色建筑较基准建筑而言，一般在前期需要增加投资，因为常常在此期间需要采用节水技术、运营管理技术以及节能与能源利用技术等，但在运营阶段成本会大大降低，尤其智能化系统的运用能降低较多的费用，主要体现在节约电资源和水资源两方面。

由此产生的增量效益可以表示为 $IB_{运营}$，具体如下所述：

（1）节能资源增量经济效益 $IB_{节电}$　在绿色建筑中，节能带来的经济效益体现在以下三方面：

第一，空调系统的能耗占到所有设备耗能的比例最大，且窗墙面积比的比例越大，空调的能耗越大，为了降低空调能耗，在绿色建筑中一般会优化外围护结构，或者采用良好的遮阳措施，夏季很好地防止太阳直射到户内，以降低空调的能耗。

第二，采用高效照明系统，例如使用声控灯、感应灯等，节约电费，降低耗能。

第三，加大对可再生清洁能源的使用，在生活中，太阳能是常见且典型的可再生能源，我国有着丰富的太阳能资源，利用太阳能不仅可以减少 CO_2 排放，使用者还能节约电费。

因此，节能资源增量经济效益包括采用以上"优化外围护结构、高效照明系统、绿色能源"三种措施，对比于未采用节能措施带来的增量经济效益，主要通过折合成节约的耗电量来计算。对电源能耗的节约成本进行测算，可以得出这一部分的经济效益，计算式如下所示：

$$IB_{节电} = \sum_{i=1}^{n} \left[(Q_{i基准年用电量} - Q_{i绿色年用电量}) \right] \times P_{i电价} \tag{5-14}$$

式中　$Q_{i基准年用电量}$——基准建筑中第 i 年所产生的年用电量，$kW \cdot h$；

　　　$Q_{i绿色年用电量}$——绿色建筑中第 i 年所产生的年用电量，$kW \cdot h$；

　　　$P_{i电价}$——第 i 年用电单价，元/$kW \cdot h$。

（2）节约水资源增量经济效益　在运营阶段为了减少用水量，采用非传统水源节约的成本（包括使用中水、雨水等）、采用节水系统、节水器具（节水龙头、节水便器等）节约的成本以及将建筑排水转化为市政供水和灌溉用水等，对水资源节约的成本进行测算，可以得出这一部分的经济效益，计算公式如下所示：

$$IB_{节水} = \sum_{j=1}^{n} \left[(Q_{j基准年用水量} - Q_{j绿建年用水量}) \right] \times P_{j水价} \tag{5-15}$$

式中　$Q_{j基准年用水量}$——基准建筑中第 j 年所产生的年用水量，m^3；

　　　$Q_{j绿建年用水量}$——绿色建筑中第 j 年所产生的年用水量，m^3；

　　　$P_{j水价}$——第 j 年用水单价，元/m^3。

项目运营阶段中对增量经济效益进行计算时，具体公式如下所示：

$$IB_{运营} = IB_{节能} + IB_{节水} \tag{5-16}$$

综上所述，从经济方面来看，在计算绿色建筑的增量效益时，具体计算式为：

$$IB_{经济} = IB_{准备} + IB_{施工} + IB_{运营} \tag{5-17}$$

5.2.2　回收阶段增量成本构成及分析计算

在绿色建筑全寿命周期中，回收阶段是最后一个阶段，由于在该阶段应用了绿色拆除技术，并且在完成拆除之后，对建筑垃圾进行分类、回收等处理操作，其较基准建筑不仅明显节省了资源，同时也大大减少了对环境的不利影响，由此产生的成本增加额即为回收阶段增量成本，用 $IC_{回收}$ 表示。

通过对绿色建筑各阶段的增量成本进行分析，其整个全寿命周期内增量成本总额可表示为：

$$IC = IC_{决策} + IC_{设计} + IC_{准备} + IC_{施工} + IC_{运营} + IC_{回收} \tag{5-18}$$

由于绿色建筑的发展正处于起步阶段，相关的法律法规、规划设计、绿色建筑的技术创新和绿色材料的研发都在不断成熟和完善中。因此，绿色建筑的增量成本仍处于较高水平，随着绿色建筑技术和产品的快速发展及推广应用，相关政策的制定和完善，绿色建筑行业相对于常规建筑的整体增量成本将会大幅下降。另外，由于规划设计和技术方案通常决定了绿色建筑的施工建造成本，因此建筑开发企业可以在设计阶段采取措施，合理选择绿色建筑技术和使用新型材料，选最优的设计和施工方案，来减少绿色建筑的增量成本。

智韵大厦项目的绿色建筑增量成本是相对于传统基准建筑采用常规技术、材料和设备而言的，其增量成本体现在采取提升围护结构热工性能、选用高效节能设备措施，采用预制加气混凝土条板、装配式叠合板、装配式楼梯等预制构件，采用永磁同步变频离心+螺杆冷水机组、设置了太阳能光伏发电系统，设置了乔、灌、草的复层绿化，多采用大乔木增加碳汇，进行建筑碳排放计算分析，应用 BIM 技术进行设计、施工、运维、模型建立、分析与优化等绿色建筑技术的使用上，而传统建筑会使用普通设备或不进行这些新技术的使用。

智韵大厦项目的增量成本合计为 120000 万元，为实现绿色建筑而产生的增量成本为 1728.21 万元，折合每平方米的增量成本为 201.52 元，属于三星级绿色建筑中增量成本较低的项目。

5.2.3　绿色建筑增量环境效益构成与计算

绿色建筑环境效益的构成基于三个方面，分别是绿色建筑降碳、空气质量改善和建筑物耐久性提高。

首先使用绿色建筑技术、材料，特别是可再生能源，能够大大减少石化燃料的消耗，从而减少 SO_2、NO_x 等有毒气体的排放，实现减少排放的节能减碳效益。同时，一定程度上起到明显改善空气质量的作用，良好的空气质量使人们的健康相应得到了保障，例如呼吸系统疾病、心血管疾病等发病率会随之下降，这样既可以减少温室气体、有毒有害气体的处理费用，还可以减少附近环境人员的医疗费用开支。另外，绿色建筑较基准建筑在细部构造上有更高的要求，有利于提高建筑物的耐久性，从而延长建筑的使用寿命，有效减少因过早拆除导致对环境造成的破坏。由上述方面带来的利益为增量环境效益，可以表示为 $IB_{环境}$，具体构成如下所述：

1. 绿色建筑降碳环境效益

温室气体是指存在于大气中会吸收和释放红外线辐射的任何气体，《京都议定书》附件中指出的 6 种气体是二氧化碳（CO_2）、甲烷（CH_4）、氧化亚氮（N_2O）、六氟化硫（SF_6）、全氟碳化物（PFC_s）、氢氟碳化物（HFC_s）。其中，CO_2 所占的比例超过一半，被认为是全球气温上升的罪魁祸首,其他五种温室气体含量虽然相对较小,但是它们具有很强的吸收红外辐射的能力并且会影响气候变化。

绿色建筑的碳排放是指在绿色建筑建造和使用过程中产生的温室气体总排放量。基于生命周期法的碳足迹测量,主要有过程分析法和投入产出法两种。

绿色建筑全生命周期的碳排放计算边界包括建材生产与运输、施工建造、运营和拆除四个阶段。基于项目施工建造阶段和运营阶段所获得的活动数据,计算本项目绿色建筑相对于普通建筑的碳减排量,计算公式如下所示:

$$IB_{降碳} = IB_{设计建筑} - IB_{参照建筑} \tag{5-19}$$

智韵大厦项目由建筑碳排放 CEEB2023 软件计算出碳排放量数值,以及设计建筑采取相应措施后减碳量的对比,见表 5-7~表 5-13。

表 5-7 冷热源机组碳排放量汇总及对比

类别		电耗/(kWh/a)	设计建筑碳排放因子/(kgCO₂/kWh)	设计建筑碳排放量/(tCO₂/a)	参照建筑碳排放量/(tCO₂/a)
冷源机组	制冷机组	182530	0.581	106.050	131.848
	冷却水泵	34691		20.155	21.947
	冷却塔	11638		6.762	5.042
	冷冻水泵	28161		16.362	20.658
合计				149.329	179.495
市政热力系统	热负荷/(kWh/a) 716190	258944	0.581	150.446	258.158

表 5-8 空调系统碳排放量汇总及对比

类别		电耗/(kWh/a)	设计建筑碳排放因子/(kgCO₂/kWh)	设计建筑碳排放量/(tCO₂/a)	参照建筑碳排放量/(tCO₂/a)
多联机/单元式空调系统	分体+地暖1	119513	0.581	69.437	268.150
	分体+地暖2	51827		30.111	88.174
	分体空调	20169		11.718	21.426
	数据机房	19850		11.533	30.812
合计				122.800	408.562
多联机/单元式热泵系统	分体空调	5632	0.581	3.272	12.550
新风+风机盘管系统	独立新排风	63290	0.581	36.771	117.489
	风机盘管	41616		24.179	
	多联机室内机	0		0.000	
	全空气机组	1471		0.855	
合计				61.805	117.489

表 5-9　照明系统碳排放量汇总及对比

房间类型		合计电耗/(kWh/a)	设计建筑碳排放因子/(kgCO₂/kWh)	设计建筑碳排放量/(tCO₂/a)	参照建筑碳排放量/(tCO₂/a)
房间照明	办公-会议室	5515	0.581	3.204	3.605
	办公-其他	12892		7.490	23.541
	办公-大堂	40918		23.774	26.745
	办公-普通办公室	318027		184.774	207.870
	办公-走廊	20033		11.639	19.399
	商场-一般商店	400385		232.624	290.780
合计				463.505	571.940

表 5-10　生活热水系统碳排放量汇总及对比

类型	合计电耗/(kWh/a)	碳排放因子/(tCO₂/TJ)	设计建筑碳排放量/(tCO₂/a)	参照建筑碳排放量/(tCO₂/a)
锅炉生活热水电耗合计/(kWh/a)	20865	55.54	4.173	4.173

注：生活热水系统相交于参照建筑，未采取降碳措施，碳排放量与参照建筑相同。

表 5-11　光伏发电碳排放量汇总及对比

使用寿命年限/年	年平均发电量/(kWh/a)	碳排放因子/(kgCO₂/kWh)	可减少碳排放量/(tCO₂/a)
25	189758.976	0.581	110.250

表 5-12　建材生产、运输过程碳排放量汇总及对比

建材生产阶段碳排放量						
材料	单位	用量	拆除后回收比例	寿命/年	碳排放因子/(kgCO₂e[①]/单位)	碳排放量/tCO₂e
混凝土	t	87423.50	0	全生命周期	340	29723.990
钢筋	t	7383.16	0.5	全生命周期	2340	8638.297
预拌砂浆	t	1511.30	0	全生命周期	370	559.181
岩棉板	m³	2800.28	0	全生命周期	534	1495.350
石墨聚苯板	m³	608.77	0	全生命周期	534	325.083
砌块	m³	5849.65	0	全生命周期	349	2041.528
玻璃幕墙	m²	9385.25	0.5	全生命周期	194	910.369
陶瓷	m²	57787.80	0	全生命周期	19.5	1126.862
涂料	t	73.44	0	全生命周期	6550	480.999
电缆	t	107.17	0.5	全生命周期	94.1	5.042
管材	kg	84732.80	0	全生命周期	3.6	305.038

（续）

建材生产阶段碳排放量						
材料	单位	用量	拆除后回收比例	寿命/年	碳排放因子/（$kgCO_2e$[①]/单位）	碳排放量/tCO_2e
预制加气混凝土条板内墙	m^3	3922. 03	0	全生命周期	553	2168. 883
预制加气混凝土条板外墙	m^3	1323. 60	0	全生命周期	488	645. 917
装配式叠合板	m^3	729. 76	0	全生命周期	628	458. 289
装配式楼梯	m^3	209. 02	0	全生命周期	576	120. 396
铝板幕墙	m^2	31400. 00	0. 5	全生命周期	194	3045. 800
合计						52051. 024

建材运输阶段碳排放量					
材料	重量/t	运输距离/km	寿命/年	碳排放因子/[$kgCO_2e$/(t·km)]	碳排放量/tCO_2e
混凝土	87423. 50	40	全生命周期	0. 115	402. 148
钢筋	7383. 16	500	全生命周期	0. 115	424. 532
预拌砂浆	1511. 30	40	全生命周期	0. 115	6. 952
岩棉板	392. 04	500	全生命周期	0. 115	22. 542
石墨聚苯板	11. 14	500	全生命周期	0. 115	0. 641
砌块	3509. 79	500	全生命周期	0. 115	201. 813
玻璃幕墙	531. 67	500	全生命周期	0. 115	30. 571
陶瓷	1733. 63	500	全生命周期	0. 115	99. 684
涂料	73. 44	500	全生命周期	0. 115	4. 223
电缆	107. 17	500	全生命周期	0. 115	6. 162
管材	84. 73	500	全生命周期	0. 115	4. 872
预制加气混凝土条板内墙	1961. 02	100	全生命周期	0. 115	22. 552
预制加气混凝土条板外墙	661. 80	100	全生命周期	0. 115	7. 611
装配式叠合板	1722. 23	100	全生命周期	0. 115	19. 806
装配式楼梯	493. 29	100	全生命周期	0. 115	5. 673
铝板幕墙	274. 75	500	全生命周期	0. 115	15. 798
合计					1275. 577

① $kgCO_2e$ 表示当量二氧化碳，建材的生产及运输阶段碳排放量一般用此表示。

表 5-13　建筑建造、拆除碳排放量汇总及对比

阶段	物化阶段（建材生产运输、建筑建造）	占物化阶段比例	碳排放量/tCO_2
建造阶段	53326. 601	0. 05（建造占物化阶段比例）	2666. 330
施工临时设施	占施工机械碳排放的比例：0. 05		133. 332
拆除阶段	53326. 601	0. 1（拆除排放占物化阶段比例）	5332. 660
合计			8132. 322

综上所述，项目通过提升建筑围护结构性能、设备合理选型与运行策略优化、可再生能源利用、绿色建材、预制装配式、可再循环材料、增加生态碳汇等措施，实现了建筑碳排放强度降低的效果，整体建筑碳排放见表 5-14。

表 5-14　项目整体建筑碳排放量汇总及对比

电力	类别	设计建筑碳排放量/ $[kgCO_2/(m^2 \cdot a)]$	参照建筑碳排放量/ $[kgCO_2/(m^2 \cdot a)]$
	供冷 E_c	2.56	3.08
	供暖 E_h	2.58	4.43
	空调风机 E_f	3.22	9.25
	照明	7.96	9.82
其他 E_0	电梯	1.41	1.41
	生活热水	0.07	0.07
	合计	1.48	1.48
化石燃料	所属类别	设计建筑碳排放量/ $[kgCO_2/(m^2 \cdot a)]$	参照建筑碳排放量/ $[kgCO_2/(m^2 \cdot a)]$
无	供暖：热源锅炉	0.00	0.00
烟煤	供暖：市政热力	3.28	4.54
无	生活热水（扣减了太阳能）	0.00	0.07（燃料：燃气）
燃气可再生	类别	设计建筑碳减排量/ $[kgCO_2/(m^2 \cdot a)]$	参照建筑碳减排量/ $[kgCO_2/(m^2 \cdot a)]$
可再生能源 E_r	光伏 E_p	1.89	—
	风力 E_w	0.00	—
碳汇固碳量/$[kgCO_2/(m^2 \cdot a)]$		0.03	—
碳排放合计		19.16	32.60
相对参照建筑降碳比例（%）		41.23	
相对参照建筑碳排放强度降低值/$[kgCO_2/(m^2 \cdot a)]$		13.44	

2. 改善空气质量增量环境效益

在建筑项目中，电力能源始终是保证建筑运行的基本条件，而电力的获取主要是依靠燃烧化石燃料而产生，其中最大的是煤炭的燃烧，因此会产生大量的温室气体、有毒气体，如 CO_2、SO_2、NO_2、粉尘颗粒等污染性气体。

绿色建筑因采用可再生能源技术，如太阳能光伏技术、热泵技术等，有效地减少了化石燃料的消耗，进而减少了污染气体的处理费用，由此节省的费用则为改善空气质量的增量环境效益，可表示为 $IB_{改善空气}$。

通过查询相关文献资料，我们得到了煤炭燃烧所产生的污染气体的排放系数，见表 5-15。

表 5-15 大气污染物排放系数

大气污染物种类	系统效率
CO_2	2.4567
SO_2	0.0165
NO_2	0.0156
粉尘颗粒	0.0096

则 $IB_{改善空气}$ 可按下式计算得到：

$$IB_{改善空气} = 4\Delta P_{节电} \times 10^{-4}(2.4567 \times C_{CO_2} + 0.0165 \times C_{SO_2} + 0.0156 \times C_{NO_2} + 0.0096 \times C_{粉尘})$$

$$(5\text{-}20)$$

式中　$\Delta P_{节电}$——绿色建筑每年的节约用电量，kWh；

$\quad\quad C_{CO_2}$——处理 CO_2 产生的成本，元/t；

$\quad\quad C_{SO_2}$——处理 SO_2 产生的成本，元/t；

$\quad\quad C_{NO_2}$——处理 NO_2 产生的成本，元/t；

$\quad\quad C_{粉尘}$——处理粉尘产生的成本，元/t。

其中，在对大气污染物进行处理时，可以采用多种方法及措施，由于工艺流程不同，所产生的处理成本也会存在差异。

3. 人体健康增量环境效益

随着工业化进程的不断加快，经济迅速发展的同时，给环境质量造成了较大的破坏，尤其是大气污染问题。其给受其环境影响下的居民健康带来直接的威胁，心血管疾病和呼吸类疾病发病率也在不断攀升。而绿色建筑的使用，可以有效地净化周边环境空气，减少了因环境影响而为疾病支付的相关医疗费用，该部分节省的医疗开支费用，可用 $IB_{健康}$ 表示。而人体健康增量环境效益主要是从医疗费用开支的角度考虑，故此部分人体健康环境效益可按如下步骤进行计算：

1）设定参照建筑所在地区 NO_2 年平均浓度为 α，SO_2 年平均浓度为 β，粉尘颗粒（$PM_{2.5}$）年平均浓度为 γ。

根据国家空气质检管理二级标准要求：NO_2 年平均浓度限值为 $0.04mg/m^3$，SO_2 年平均浓度限值为 $0.06mg/m^3$，粉尘颗粒（$PM_{2.5}$）年平均浓度限值为 $0.035mg/m^3$。基准建筑环境下的大气综合指数 ∂_1，可运用几何平均值法按以下计算公式得到：

$$\partial_1 = \frac{\alpha}{0.04} + \frac{\beta}{0.06} + \frac{\gamma}{0.035} \tag{5-21}$$

2）设定绿色建筑项目周围环境 NO_2 年平均预测浓度为 α^*，SO_2 年平均预测浓度为 β^*，粉尘颗粒（$PM_{2.5}$）年平均预测浓度为 γ^*，浓度单位均为 mg/m^3。绿色建筑环境下的大气综合指数 ∂_2，运用几何平均值法可得：

$$\partial_2 = \frac{\alpha^*}{0.04} + \frac{\beta^*}{0.06} + \frac{\gamma^*}{0.035} \qquad (5\text{-}22)$$

3）根据上述步骤求得的 ∂_1、∂_2，则人体健康增量环境效益为：

$$\mathrm{IB}_{健康} = C_{医疗} \times n \times m \times \lambda \times (\partial_1 - \partial_2) \qquad (5\text{-}23)$$

式中 $C_{医疗}$——受环境影响下的人均医疗费用，元/天；

   n——建筑项目中居民人数或办公人数，个；

   m——大气环境污染下引起的疾病种类数，个；

   λ——大气环境污染下引起的疾病持续天数，天；

   ∂_1——基准建筑环境影响下大气综合指数；

   ∂_2——绿色建筑环境影响下大气综合指数。

4. 建筑物耐久性提高增量环境效益

由于绿色建筑细部结构及气候条件的改善，使得建筑物耐久性得到提高，其受侵蚀程度相应降低，延长了建筑物的使用寿命，进而减少了因过早拆除导致的对环境破坏，这一部分的环境效益可以表示为 $\mathrm{IB}_{耐久}$，具体计算公式如下所示：

$$\mathrm{IB}_{耐久} = S \times f \times (\partial_1 - \partial_2) \qquad (5\text{-}24)$$

式中 S——项目建筑面积，m^2；

   f——调整系数，一般取 $0.3 \sim 0.5$。

综上所述，绿色建筑增量环境效益可表示为：

$$\mathrm{IB}_{环境} = \mathrm{IB}_{改善空气} + \mathrm{IB}_{健康} + \mathrm{IB}_{耐久} \qquad (5\text{-}25)$$

5.2.4 绿色建筑增量社会效益构成及计算

绿色建筑的受益主体不再单单是投资者或使用者，已扩展到社会群体。绿色建筑社会效益包括采用节水技术措施，节约了排污费；利用非传统水源可以减少城市的投资压力及由于缺少水资源所额外需要的财政费用；通过提供舒适的学习生活环境带来工作效率的提高三个方面。其带来的社会福利即为绿色建筑增量社会效益，用 $\mathrm{IB}_{社会}$ 表示，具体体现在以下三个方面。

1. 排污增量社会效益

绿色建筑采用节水技术措施有效地对雨污水回收再利用，减少了污染物数量，达到了节约排污费的效果，如采用雨污水收集系统。由此节约的排污费，用 $\mathrm{IB}_{排污}$ 表示，其计算公式为：

$$\mathrm{IB}_{排污} = \sum P_{排污n} \times Q_{非传统水源} \times \varepsilon_{排污} \qquad (5\text{-}26)$$

式中 $P_{排污n}$——第 n 年每吨生活污水的排污价格，元/吨；

   $Q_{非传统水源}$——非传统水源的利用数量，吨/年；

$\varepsilon_{排污}$——非传统水源相对于污水排放的折减系数，一般取 0.4~1.0。

2. 节省财政增量社会效益

我国是一个水资源严重短缺的国家，相继采取了南水北调、推进海绵城市建设、水资源循环利用等一系列措施来缓解水资源匮乏对经济社会发展的制约。绿色建筑的大范围推广，以及节水措施的实施，提高了非传统水源的利用率，一定程度上减轻了政府财政压力，此项节省的财政费用即为节省财政增量效益，用 $IB_{财政}$ 表示，其计算公式为：

$$IB_{财政} = P_{财政} \times Q_{非传统水源} \qquad (5-27)$$

式中　$P_{财政}$——每用 1 吨非传统水源所节省的财政费用，元/吨。

3. 提高工作效率增量社会效益

绿色建筑具有自然采光良好、通风顺畅、空气质量较高、温度舒适等方面优势，能够使使用者工作效率得到明显提高，从而为社会创造更多的价值。由此带来的价值即为提高工作效率增量社会效益，其计算公式表示为：

$$IB_{效率} = G \times e \times n \qquad (5-28)$$

式中　$IB_{效率}$——提高工作效率增量社会效益，元；

　　　G——年人均 GDP，元；

　　　e——工作效率提高值；

　　　n——建筑项目居民人数或办公人数，个。

4. 居民宜居福利增量社会效益

绿色建筑居民宜居福利指的是给居民提供了适宜的环境、良好的医疗条件、教育条件等惠民福利，让居民能切实感受到生活质量的提高，由此所带来的增量效益用 $IB_{居民福利}$ 表示，但是该部分增量效益是无法直接量化的，可以通过专家评估法或意愿调查法对其进行确定。

综上，增量社会效益可用计算公式表示为：

$$IB_{社会} = IB_{排污} + IB_{财政} + IB_{效率} + IB_{居民福利} \qquad (5-29)$$

第6章　智韵大厦绿建实践结论与展望

6.1　智韵大厦绿建实践结论

建筑作为城市的基本单元对城市的可持续发展具有重要的作用，从城市的角度研究建筑与资源、环境、社会的可持续关系，对中国新型城市化健康发展具有重要意义。绿色建筑作为建筑行业发展的新方向，已成为推行低碳可持续发展经济的重要领域。虽然政府相继推出多项绿色建筑激励政策，但绿色建筑的发展本质上需要市场新力量的积极参与。

智韵大厦绿建三星级全过程管理探索与实践基于建筑开发企业的需求，科学合理地选择绿色建筑项目组合，在有限的资源和管理能力的约束下，按照战略规划实现发展目标，促进了绿色建筑行业的健康快速发展。

6.1.1　绿色建筑管理目标

绿色建筑贯彻全过程绿色低碳的理念，在规划设计阶段即合理确定绿色建筑发展目标及控制指标，从源头指导绿色建筑的规模化发展。绿色建筑是对传统建筑节能的升级和优化。

智韵大厦工程项目绿色建筑设计评价等级为三星级，按照国家标准《绿色建筑评价标准》（GB/T 50378—2019）中评价条文进行评价，控制项40项全部满足，同时满足三星级前置条件——围护结构热工性能的提高比例20%或建筑供暖空调负荷降低15%；节水器具用水效率等级为2级；室内空气污染浓度比现行国家标准《室内空气质量标准》（GB/T 18883）的有关要求，限值指标的降低比例达到20%；本工程室内装修为全装修。

6.1.2　全过程管理实践及技术措施

1. 规划设计

（1）一般规定　智韵大厦工程项目场地规划设计以改善室外环境质量后提高生态效益为目标，优化建筑规划布局，实现场地生态环境修复后生态补偿。

总平面规划设计满足上级规划部门的审批要求；工程场地选址与规划设计符合天津市城乡规划，并符合各类保护区、文物古迹保护等建设控制要求；工程场地规划设计综合考虑了土地利用、空间、交通、环境、生态保护等内容，满足绿色建筑标准与可持续运营的要求；工程场地规划设计综合考虑了场地内及周边公共服务设施、市政基础设施及公共交通设施的集约化建设与共享，提高了场地的土地利用率。

工程项目采用了"前低后高""高低错落"的布局原则，总平面规划布局能够保证建筑室内外的日照环境、采光和通风要求，符合规划部门的审批规定。本地块为办公及商业建筑，无日照要求。总平面图布局符合天津寒冷地区主导风向，有利于组织气流，实现低能耗通风换气。

（2）土地利用及规划设计　工程项目建筑场地内无洪涝、滑坡、泥石流等自然灾害的威胁，无危险化学品、易燃易爆危险源的威胁，无电磁辐射、含氡土壤等危害；场地内无排放超标的污染源。

项目合理地利用地下空间，充分发挥地下空间的资源潜力，使建筑向集约化发展，对于缓解城市用地紧张问题做了有益的尝试。加强对地下空间开发利用，包括建造人防地下工程、地下停车设施等，内部空间更加人性化，与城市关系也更为紧密。

同时，充分利用土壤，作为地下建筑天然的保温隔热材料，有效降低了建筑空调与采暖能耗。

（3）室外环境　工程建筑主体朝向为南北方向，能够提供良好的自然通风，并避开冬季不利风向；建筑物周边人形区域风速低于 5m/s，不影响室外活动的舒适性和建筑通风；工程噪声污染源主要来自城市道路，规划可用地 22406.7m²，绿化面积 3478.45m²，绿化率 15.5%，为有效降低室外环境噪声，采取了绿化隔离带的沿路布置。

工程项目的集散需求对外部环境的设计提出了较高的要求。作为承载城市市民室外活动、美化城市环境的主体，建筑不仅要具备良好的建筑形象，同时需拥有整体统一的外部空间环境。项目建筑设计中，针对不同的环境特征，综合运用水域、广场、栽种多样植物的方式来营造和谐的自然环境。

（4）交通设施及公共服务　工程项目场地内人行通道的无障碍设计符合《无障碍设计规范》（GB 50763—2012）及《天津市无障碍设计标准》（DB29-196—2017）的有关要求；道路无障碍设计按照《无障碍设计规范》（GB 50763—2012）和《天津市无障碍设计标准》（DB29-196—2017）的要求进行设计施工；工程共设计 646 个机动车停车位，其中 13 个为无障碍停车位，设于地下车库；300 个非机动车车位均位于地上；场地内各单体前设置分类垃圾投放点。

（5）场地设计及绿化景观　工程项目场地竖向设计中充分考虑了场地的雨水进入雨水设施中，硬质铺装地面中透水铺装面积的比例达到 50%；工程因地制宜地采用乔、灌、藤、草相结合的复层绿化，场地内乔木不少于 3 株/100m²，木本植物数量大于 12 株/100m²；绿化种植选择适应本地气候和土壤条件的乡土植物，且乡土植物比例达到 80% 以上，而且没有易产生飞絮、有异味、有毒、有刺等对人体安全不利的植物。

项目屋顶可绿化面积为 8717.07m²，屋顶绿化面积为 88.65m²，屋顶绿化面积占屋顶可绿化面积比例为 1.02%。由于种植植被需要覆土，加上植物的蒸腾作用，可起到对主体建筑的有效保温、隔热和降噪作用。

2. 建筑设计及室内环境

（1）一般规定　智韵大厦工程建筑设计按照被动措施优先的原则，总平面布局合理，避开冬季主导风向，有利于夏季自然通风；建筑体型设计尽量优化，内部空间布局设计合理，充分利用天然采光、自然通风。

工程项目在满足使用功能的前提下，层高设计合理，交通空间设计紧凑，避免了不必要的高大空间；工程设备管道井设置在公共部位，尺寸设计合理，便于设备管道维修及更新；工程建筑造型设计符合功能和技术要求，结构及构造合理，要素简约，无大量装饰性构件，女儿墙的高度符合规范要求。

工程项目的建筑立面规划设计，也为室内舒适环境创造了条件。除了考虑立面风格、尺度、材料、装饰等美学因素外，建筑侧重于对性能的考虑，综合考虑了立面功能、构造、形式与生态的因素。既能为建筑提供结构支撑，又能抵御气候变化，减少建筑能耗与维护费用。同时，建筑立面与建筑各专业在设计中进行整合，如植被、太阳能发电、通风、采光等。

（2）围护结构　工程的建筑围护结构的各项热工性能指标达到《天津市公共建筑节能设计标准》（DB29-163—2014）的限值要求，具体性能指标详见各单体的《节能设计专篇》；项目的各建筑单体采用外墙外保温，外墙、阳台门和外窗的内表面在室内温、湿度设计条件下不会产生结露现象，外墙的热桥部位部位不会发生结露。

工程项目在设计中选用了蓄热能力较好的外墙、双层幕墙，门窗采用了隔热效果较好的 Low-E 双中空玻璃结构，屋面加强了保温隔热性能，良好的围护结构特性提高了建筑物的热惯性，使室内温度变化幅度减小，提高了舒适度；同时减少了暖通空调设备的开停次数，提高了设备的运行效率；也发挥了较好的隔热、隔声、安全、耐久和防护等效果。

（3）采光与遮阳　工程建筑内部视野开阔、空间开放，所采用的玻璃构件会导致建筑内部的温室效应和室内眩光。良好的建筑遮阳可减少进入室内的直射阳光，防止夏季室内过热以及围护结构温度高对室内产生热辐射。项目东西向主要房间外窗空气层中设置活动铝合金百叶、公建西向外窗空气层中设置活动铝合金百叶。

项目 1~3#楼、4#楼、5~8#楼南向窗墙面积比分别为 0.36、0.45 和 0.34，窗墙面积比越大，对于天然采光的利用越好。在设计中，开窗面积过大又不利于建筑的保温隔热，设计中结合建筑立面，考虑了热工性能，获得了合理的开窗面积。同时，对采光口的位置、朝向、构造、形式和材料合理设计，在获得良好的采光与节能效果的同时，项目通过建筑布局和形体设计，利用天窗改善了室内光环境。

项目采用了采光分析软件 Dali 建模，利用 Daysim 内核进行动态采光模拟，最后将计算结果返回到 Dali 进行处理分析，优化了建筑采光效果。智韵大厦工程项目各个单体建筑都创造了自然采光良好、通风顺畅、温度舒适的优异环境。

（4）自然通风　工程项目外窗有效通风换气的面积与所在房间外立面面积比例大于 10%，具有良好的通风效果以及较大的节能潜力。项目根据建筑的形态特征、设备负荷、典型气象年过渡季节的外界风速与风向条件，采用 CFD 等软件对建筑自然通风进行优化。优化了天窗设计，优化后的天窗上拔风量增大，具有显著的热压通风效果；优化了开窗位置、开窗面积及风道尺寸等，合理利用室内空气流场，使建筑在夏季能充分利用自然通风并在冬季有效避免不良气流，改善了室内空气质量。

（5）隔声降噪　工程项目建筑平面布局动、静分开，低层大空间为多功能厅，通过流线和布局与会议厅、办公室完全分隔开；将具有较大噪声的给水泵房、中水泵房、消防泵房等设备机房设于地下室，机房内墙体及顶棚等部位采取隔声、减噪等措施，墙体及顶棚均设置岩棉隔声板，设备基础设置减震垫；电梯机房部位设置减震垫；设备及电梯选用低噪声设备，并增加隔震措施。

项目同时采用了"建筑声环境 SEDU2023"软件，完成"室内背景噪声级分析报告"和"室外噪声分析报告"，分别对目标建筑室内外噪声级进行模拟计算分析，筛选出室内噪声级不利的功能房间，并对照标准要求进行评价，判断其模拟结果是否满足要求，同时完善降噪措施。项目设计中，还采用"建筑声环境模拟分析软件 PKPM-Sound"进行"绿色建筑室内构件隔声模拟分析"，不断优化项目的隔声降噪设计。

（6）装修与室内空气质量　工程项目全装修交付。建筑材料中有害物质含量全部符合现行国家标准（GB 18580~GB 18588）和《建筑材料放射性核素限量》（GB 6566）的要求。项目从源头进行室内空气质量把控，对于有污染源的房间，项目采用了设置可关闭的门、安装排气扇等技术措施。在空气净化方面，设置多功能环境探测器，实时采集园区内 PM_{10}、$PM_{2.5}$、CO_2 的浓度参数。

项目还采用了"建筑通风 Vent2023"软件，分别对室内有机挥发物浓度、室内空气质量（可吸入颗粒物）进行评估分析。通过室内污染物浓度控制需要、装修材料、家具制品等主要污染物的释放特征等，综合考虑室内装修设计方案、装修材料的种类和使用量等。

（7）无障碍设计　公共建筑执行《无障碍设计规范》（GB 50763—2012）、《天津市无障碍设计标准》（DB29-196—2017）和选用图集 12J12。无障碍设计部位主要包括建筑入口（含室外地面坡道、轮椅坡道及扶手、平台、入口及门厅、走道、门宽）、楼梯、入口大门、卫生间等。

建筑入口：入口空间作为建筑序列的开端，涵盖了台阶、坡道、门廊、雨棚、绿化和水体等系列元素，是一个复合式的空间。项目建筑主要出入口均采用平坡，5#、6#楼次要出入口采用台阶与坡道相结合的出入口。

无障碍楼梯、电梯：1~3#、7#、8#楼商业每栋单体各设置无障碍楼梯及一部无障碍电梯。4#楼设置一部无障碍电梯。2#、3#楼办公，5#、6#楼食堂各设置一部无障碍电梯。

无障碍卫生间：4#办公楼首层设置无障碍卫生间，二层设置无障碍厕位。1~3#、7#、8#商业楼二层及以上设置无障碍卫生间。2#、3#办公楼首层及二层设置无障碍卫生间。

3. 结构设计

传统结构以结构的力学性能作为评价基础，同时考虑较快的建造效率，多采用标准化的结构体系，但容易产生制约建筑空间的情况。绿色建筑不再将力学性能和建造效率作为评判结构形式优劣的唯一标准，建筑在全生命周期内对环境产生的影响将成为结构关注的重点。

现代结构体系按照结构材料在生产和运输过程中碳排放量的多少依次为混凝土、钢材、多孔砌体砖和天然木材。尽管以钢材为代表的金属建材是高加工度、高能耗、高碳排放的材料，但因其较高的回收利用率，从循环利用的角度来看，钢结构依然是环保的"绿色"体系。钢结构因为自身强度高、自重轻、整体刚性好、适合工业化定制等特点，符合公共建筑对尺度与多元化形态的需求。无论采用何种结构体系，节约材料和最大化发挥结构效能都是设计应考虑的重要因素。轻型结构因其易于拆卸、构件可重复利用的特点，无疑减少了对自然资源的浪费。

智韵大厦工程项目建筑造型简约，且无大量非功能性的装饰性构件。项目结构体系为框架结构（地库）、框剪结构、框筒结构，在满足规范位移限值的前提下，减少并优化了墙柱的布置。同时结构构件中采用不低于 400MPa 级受力钢筋的比例达到受力钢筋总量的 98.29%；混凝土全部采用预拌混凝土，建筑砂浆中预拌砂浆的使用比例为 100%，竖向承重结构采用强度等级不小于 C50 的混凝土用量占总量的比例达到 52.98%；工程楼面使用荷载：商业：$3.5kN/m^2$；办公：$2.0kN/m^2$；卫生间：$2.5kN/m^2$；走廊：$2.5kN/m^2$；楼梯间：$3.5kN/m^2$。

工程项目对地基基础和基础构件的方案进行比较和优化，如根据场地地质条件，优先采用灌注桩；基础采用桩承台基础，有效地降低了钢筋和混凝土的用量等。

4. 给水排水设计

（1）节水系统 项目节水主要包括卫生间节水设计、中水和雨水的处理及回收利用。天津地区虽在夏季雨水充沛，但其他季节十分干燥，项目设置下凹绿地等对屋面和路面的径流雨水进行预处理，引导径流雨水汇入道路绿化带及周边绿地设施，并通过设施内的溢流排放系统与市政雨水管网系统相衔接。

项目其他节水量和节水措施表现在以下几个方面：

第一，建筑平均日用水量满足现行国家标准《民用建筑节水设计标准》（GB 50555）中的节水用水定额要求。

第二，建筑分区底层系统压力不超过 0.45MPa，用水点供水压力超压时设置可调式减压阀，保证阀后压力不大于 0.20MPa，且不小于用水器具要求的最低工作压力。

第三，各给水点用水量分类计量，水表集中设在管道井内。市政引入管及接入单体的进户管、换热站、水泵房引入管、分户水表均设置数字远传水表，水表设置符合《天津市民用建筑能耗监测系统设计标准》（DB29-216—2013）的规定。

第四，选用密闭性能好的阀门、设备，使用了塑料管、钢塑复合管等耐腐蚀管材，合理设置了检修阀门，有效避免了管网漏损。

（2）节水器具与设备　节水器具是建筑给水排水系统的重要组成部分，也是节水评价的重要考察内容，它们质量的好坏和节水性能的优劣，直接关系着节水工作的成效。项目节水器具符合城镇建设行业标准《节水型生活用水器具》的要求；卫生器具和配件采用节水型产品，卫生间内不得使用一次性冲水量大于 5L 的大便器，公共卫生间内的蹲式大便器、小便器采用自闭感应式冲水阀；洗手盆采用感应式水龙头、充气式水嘴。洁具节水等级不低于 1 级；水泵的能效等级达到二级，其效率大于 85%。

（3）非传统水源利用　项目室外绿化灌溉、道路冲洗和车库冲洗、室内冲厕用水全部由市政中水提供。市政中水水源未接入管道前，可用自来水代替，切换点（阀门井）设置在场地入口总管处，严禁在建筑物内切换；中水管道外壁涂浅绿色，与生活用水管道严格区分开，冲洗龙头设在壁笼内，并有明显标识，严防误用；中水工程验收时应逐段进行检查，防止误接。

绿化灌溉采用市政中水滴灌的节水灌溉方式。以中水为水源，根据水量和湿度控制灌溉水量，实现全自动化运行，较传统方式，节水效果明显。

5. 暖通设计

暖通空调系统分为集中与分散两种方式，每个系统包括冷热源、输配系统、处理设备和房间末端装置四个部分，其中制冷（热）能耗与输配能耗是影响系统能耗的主要因素。

智韵大厦工程项目中多采用高效空调设备。冷源采用离心式冷水机组+螺杆式冷水机组，冷水机组采用两大一小的模式，两台 600RT 永磁同步变频离心机，一台 300RT 永磁同步变频螺杆机。热源为市政锅炉。分区末端形式为风机盘管+新风、全空气系统。

项目按照暖通空调系统末端房间功能的不同，采用适合的节能系统设计，比如，多功能厅等采用全空气空调，实行集中管理和监控。可以调节大空间与单元式空间的空调运行模式，实现针对不同工况的分区分时段运行。

6. 电气设计

智韵大厦工程项目各类房间和场所的照度、统一眩光值、一般显色指数等指标符合《建筑照明设计标准》（GB 50034）的有关要求；各类房间和场所的照明功率密度满足《建筑照明设计标准》（GB 50034）规定的目标值的要求。

工程选用节能型变压器，风机、水泵等用电设备符合国家相关能效限值标准。选用的电梯皆为节能型电梯。当多台电梯集中排列时，采用电梯群控的运行方式；自动扶梯和自动人行道装设传感装置，进行变频节能拖动控制。

项目照明系统通过提高照明系统光效及智能控制灯具，从而达到降低能耗以及减少灯具的使用。绿色照明包括对照明产品的选择与照明控制方法两部分，项目所有灯具为一类灯具，如荧光灯或 LED 光源及其他高效灯具，并采用分区控制。

7. 基于 BIM 的房建总承包管理

项目在设计和施工阶段运用 BIM 技术，完成了基于 BIM 技术的总平面设计、机械设置与调度、分包协调管理。实现了基于 BIM 技术的技术管理，基于 BIM 技术的进度管理、质量管理、安全管理、造价管理等工作。真正实现了数据协同工作，提升了出图效率和质量，保证了工程质量与进度，最终实现了建筑工程高效率、低能耗的运作目标。

8. 光伏发电系统

可再生能源对环境无危害或危害极小，开发利用可再生能源已成为世界能源可持续发展战略的重要组成部分。其中，太阳能和地热能对的公共建筑较为适宜。

智韵大厦工程项目采用太阳能光伏技术，在 1~3#、5~8#屋顶设置光伏发电系统，设计安装容量为 160.2kW，安装 450W 每块的光伏组件。按照系统使用寿命为 25 年测算，25 年发电量累计电量可达到 4743974.405kWh，年均发电量为 189757.896kWh。

6.2　智韵大厦绿建实践展望

绿色建筑的建设是全过程贯彻绿色理念。在建筑规划设计阶段进行科学的能源利用和绿色指标控制，从源头指导绿色建筑的工作开展；在应用实施阶段，要将绿色低碳理念落实到实际项目中，充分应用绿色环保技术，提高资源能源利用效率；在运行使用阶段，要科学合理管理，进行建筑资源的消耗监测，对运行效果进行科学评估，努力将能源资源消耗控制在目标范围内。

绿色建筑已成为我国降低能源消耗，实现社会可持续发展中的一项不可或缺的内容。当下，虽然我国推出多种政策、机制、标准等有效推动了绿色建筑的发展，但由于该领域的技术发展和观念重视较晚，现阶段我国公共建筑仍有不少为非绿色建筑。因此，智韵大厦绿建三星级全过程管理探索与实践将为大量绿色建筑的设计与施工提供有意义的样本参照。

在项目的探索与实践取得一定成果的同时，本书针对目前存在的技术难点以及研究水平的有限性，特提出以下研究展望。

1) 全面实现绿色建筑标准化，探索绿色建筑项目组合的可持续性评价。对未来可就指标体系设计和评价方法开展进一步研究，建立更加全面的综合评价体系，提高决策的科学性和可操作性，这也是实现节能、减排与可持续发展的必然要求。

2) 以专项优化，多规协同的原则，探索将绿色建筑的单项技术发展延伸至能源、交通、环境、建筑等多项技术的集成化创新，从局部试点向规模化创新发展。以保障性住房、政府投资项目、大型公共建筑等新建项目以及建筑节能和绿色建筑示范区建设为重点，推动绿色生态技术应用从建筑单体向区域融合发展，实现区域资源效率的整体提升。

3）绿色目标合理，分解指标切实可行，探索合理的规划目标和适宜的实施策略。充分考虑项目地区的气候、资源、环境、发展战略等因素，因地制宜地制定规划方案。规划阶段提出的指标要切实可行，在各建设阶段具有可拆解性、可落实性。不应过度追求形式或技术的先进性，而应综合考虑安全、耐久、美观、经济、健康等因素，比较分析后选择最适宜的建筑方案、技术、设备和材料，在平衡建筑经济效益、社会效益和生态效益的前提下，鼓励采用适宜的设计理念、方法和技术。应综合考虑建筑全寿命周期的技术与经济特性来制定具体实施方案。

4）坚持在因地制宜、节约资源、保护环境、经济合理、质量可靠、技术可行的原则下，积极倡导绿色生态节能设计与施工。全面实施"因地制宜的原则""精专化设计原则""全过程管理的原则""成本控制的原则"，对"建筑质量""环境负荷""舒适度"和"成本投入"进行综合平衡，鼓励采用被动式、适宜技术，鼓励具有地方特色、符合当地气候条件的"本土化绿色建筑"，避免简单的堆砌技术，造成资源和能源的浪费。

5）随着环境成本研究的深入、实践成果的不断增多，探索将更多环境成本纳入绿色建筑的成本计量中。引入更成熟的环境影响评价模型，开展对绿色建筑项目的进一步评价和分析。目前，环境成本、社会成本以及环境效益、社会效益的研究还是难点，尚未取得突出且完善的研究成果，这就导致对绿色建筑环境、社会成本和效益无法实现完整准确的计量。同时，目前在碳排放成本的计量方面，碳排放量的测量仍在研究过程中，基于过程分析法的各建筑材料、机械设备等投入的碳排放系数研究仍有待完善，相关研究成果的完善可实现绿色建筑碳排放成本更准确地计量。

6）政府引导，市场推进。绿色建筑建设需要区域各行各业积极参与、共同推进。政府通过制定绿色建筑的标准规范，引导市场行为，并带头节能减排；企业和消费者是绿色建筑实施的主体，应履行绿色节能责任；技术服务机构应发挥好自身的桥梁纽带作用，为开展绿色建筑提供全方位的支持服务。

参 考 文 献

［1］中华人民共和国住房和城乡建设部．绿色建筑评价标准：GB/T 50378—2019［S］．北京：中国建筑工业出版社，2019.

［2］中华人民共和国住房和城乡建设部．建筑节能与可再生能源利用通用规范：GB 55015—2021［S］．北京：中国建筑工业出版社，2021.

［3］中华人民共和国住房和城乡建设部．"十四五"建筑节能与绿色建筑发展规划：建标〔2022〕24号［A］．2022.

［4］中华人民共和国住房和城乡建设部，国家发展改革委．城乡建设领域碳达峰实施方案：建标〔2022〕53号［A］．2022.

［5］中华人民共和国住房和城乡建设部．民用建筑热工设计规范：GB 50176—2016［S］．北京：中国建筑工业出版社，2016.

［6］中华人民共和国住房和城乡建设部．外墙外保温工程技术标准：JGJ 144—2019［S］．北京：中国建筑工业出版社，2019.

［7］中华人民共和国住房和城乡建设部．建筑采光设计标准：GB/T 50033—2013［S］．北京：中国建筑工业出版社，2013.

［8］天津市环境科学学会．零碳建筑认定和评价指南：T/TJSES 002—2021［S］．北京：中国建筑工业出版社，2021.

［9］天津市人民代表大会常务委员会．天津市碳达峰碳中和促进条例［A］．2021.

［10］中国建设科技集团．绿色建筑设计导则［M］．北京：中国建筑工业出版社，2020.

［11］郭春梅．零碳建筑技术概论［M］．北京：机械工业出版社，2024.

［12］朱颖心．建筑节能环境学［M］．北京：中国建筑工业出版社，2016.

［13］陈琳，乔志林．绿色建筑成本计量研究［M］．北京：科学出版社，2023.

［14］陈易．低碳建筑［M］．上海：同济大学出版社，2015.

［15］中国城市科学研究会．中国绿色建筑2022［M］．北京：中国建筑工业出版社，2022.

［16］高明远，岳秀萍，杜震宇．建筑设备工程［M］．北京：中国建筑工业出版社，2016.

［17］王增长，岳秀萍．建筑给水排水工程［M］．北京：中国建筑工业出版社，2021.

［18］马欣．建筑电气照明系统的节能设计研究［J］．光源与照明，2022（3）：34-36.

［19］白明轩．中英绿色建筑评价标准比较研究［D］．西安：长安大学，2020.

［20］王志民，谢阿琳．绿色建筑技术与建筑造型设计研究［J］．建筑节能，2020，47（8）：144-145.

［21］鲁永飞，鞠晓磊，张磊．设计前期建筑光伏系统安装面积快速估算方法［J］．建设科技，2019（2）：58-62.

［22］何乐．基于全寿命周期理论的绿色建筑增量成本与增量效益研究［D］．南昌：华东交通大学，2020.

［23］王立雄．建筑节能［M］．北京：中国建筑工业出版社，2009.

［24］张季超，吴会军，周观根，等．绿色低碳建筑节能关键技术的创新与实践［M］．北京：科学出版社，2014.

［25］ 张忠林 . 青岛胶东国际机场 T1 航站楼三星级绿色建筑实践案例 ［J］. 绿色建筑，2023（8）：5-8.

［26］ 周文波 . 碳中和背景下的光伏建筑一体化发展趋势 ［J］. 现代雷达，2021，43（7）：98-99.

［27］ 谢振宇，杨讷 . 改善室外风环境的高层建筑形态优化设计策略 ［J］. 建筑学报，2013（2）：76-80.

［28］ Fenner A E，Kibert C J，Woo J，et al. The carbon footprint of buildings：A review of methodologies and applications ［J］. Renewable and Sustainable Energy Reviews，2018，94（94）：1142-1152.

［29］ BROWN G Z，DEKAY M. Sun，Wind & Light：Architectural Design Strategies ［M］. Hoboken：Wiley，2014.

［30］ BAIRD G. Sustainable Buildings in Practice，What the Users Think ［M］. London：Routledge，2010.

［31］ KHOZEMA A A，IDAYU A M，YUSRI Y. Issues，Impacts and Mitigations of Carbon Dioxide Emissions in the Building Sector ［J］. Sustainability，2020，12（18）：7427-7438.